오사카 디저트 여행

나만 알고 싶은

오사카, 교토, 고베의

로컬 맛집, 감성 스폿 추천

김소정 지음

일러두기

맞춤법과 외래어 표기는 국립국어원의 용례를 따랐습니다.
다만 국내에서 이미 굳어진 용어의 경우에는 익숙한 표기를 썼습니다.

오사카 디저트 여행

나만 알고 싶은
오사카, 교토, 고베의
로컬 맛집, 감성 스폿 추천

김소정 지음

Prologue

오사카·고베·교토
현지 인기 카페,
베이커리,
킷사텐 다 모았어요!

《오사카 디저트 여행》은 《도쿄 디저트 여행》에 이은 시리즈 두 번째 책으로, 간사이를 대표하는 지역 '오사카, 교토, 고베'의 맛집을 다뤘습니다. 오사카 여행을 떠날 때 교토와 고베도 같이 가는 분들이 많은데, 간사이 지역의 여행 정보 관련 책은 많아도 빵과 디저트 맛집 정보는 부족하다는 생각이 들었어요. 그래서 세 도시의 맛있는 빵과 디저트 정보를 가득 담았답니다!

이번에는 한 페이지 넘길 때마다 색다른 느낌을 받을 수 있게 테마별이 아닌 지역별로 깔끔하게 나누었고, 편의점 대신에 오미야게 추천을 부록으로 담았어요. 또 전보다 사진의 양을 조금씩 늘려 정보뿐만 아니라 시각적으로도 더욱 풍성하게 만들었답니다.

오사카, 교토, 고베 여행을 떠나는 분들이 이 책 한 권으로 더욱 알차고, 누구보다 행복한 시간을 보낼 수 있기를 바랍니다.

그럼 이제 같이 오사카 디저트 여행을 떠나 볼까요?

Contents

2장. 고베

3장. 교토

4장. 오미야게

부록

테마별 가기 좋은 곳

혼자 가기 좋은 곳

시즌 메뉴를 먹기 좋은 곳

친구[연인]와 함께 가면 좋은 곳

공간&분위기가 좋은 곳

이 책을 보는 방법

《오사카 디저트 여행》 제대로 활용하기!

① 당고 디저트 천국　　　　난바 워크

아마토 마에다

amato maeda

Add	Namba-walk 5-12, 1 Chome Sennichimae, Chuo ward, Osaka 542-0074
Open	10:00-22:00
Close	없음

Osaka

오사카 현지에서도 유명한 당고 전문점이에요. 기본 당고 메뉴뿐 아니라 빙수, 아이스크림, 젠자이 등 차와 곁들여 먹는 디저트부터 간단 식사 메뉴까지 다양한 음식을 판매하는 곳이에요. 당고도 먹고 싶고 다른 디저트도 먹고 싶은 분들에게 딱 안성맞춤인 시그니처 당고 파르페는 꼭 드셔보세요! 전반적으로 가격도 착하기 때문에 만족도가 더욱 높아요. 당고 파르페는 모나카, 소프트아이스크림, 당고, 와라비모치 등 일본의 대표 디저트를 다 모아놓은 구성인데 하나하나 다 맛있어서 단독으로 먹어도 좋고, 모나카 위에 취향대로 올려서 같이 먹는 재미까지 있는 디저트랍니다. 미타라시 당고 외에도 김에 싸여진 노리 당고, 콩가루에 묻힌 키나코 당고까지 모두 맛있어요!

16　　　　17

디저트 맛집 정보

디저트 맛집의 주소, 운영 시간, 휴무일 등 필요한 정보를 적어두었어요. 운영 시간은 변동될 수 있으니 홈페이지나 인스타그램을 확인하세요.

디저트 맛집 소개

해당 맛집을 선정한 이유와 인기 메뉴, 맛집을 더 잘 즐길 수 있는 팁이 가득해요!

Kobe

MZ들의 핫플, 귀여운 킷사텐 산노미야

도시아

dorsia, ドーシア

Add	3 Chome-1-29, Asahidori, Chuo ward, Kobe, Hyogo 651-0095
Open	08:00-21:00
Close	없음

고베에서 MZ 세대에게 가장 핫한 킷사텐이라 하면 바로 여기일 거예요. 복고풍 쇼와시대 스타일을 제대로 느낄 수 있는 레트로함과 현세대의 귀여움이 공존해 더 매력적인 곳이에요. 대표적인 킷사텐 음식들을 두루두루 판매하며 식사류가 더 유명하지만, 저는 크림소다 두 가지와 푸딩으로 간단한 디저트만 주문했어요. 저는 원래도 메론 소다보다 블루 소다를 더 좋아하는데 여기 크림소다가 정말 맛있었어요. 웃는 얼굴의 캐릭터가 이곳 트레이드 마크로 머그컵, 냅킨 등에 그려져 있는데, 이런 귀여운 요소들도 인상적이었어요. 팬층이 있을 정도로 인기도 많아서 여러 콜라보 굿즈도 판매하는데 간단하게 귀여운 아이템 쇼핑도 같이 즐기기 좋아요!

88 89

대표 디저트와 즐길 포인트

해당 맛집을 대표하는 디저트와 작가 추천 메뉴, 외관, 굿즈 등을 사진으로 보여줘요.

일본 제2의 수도라 불릴 정도로 관광 대도시인 오사카는 교토와 고베를 이어주는 간사이 지역의 중심지로, 매년 우리나라뿐 아니라 다양한 나라의 관광객이 정말 많이 방문하는 도시예요.

'오사카' 하면 도톤보리, 우메다, 유니버셜스튜디오 등 유명 관광지와 타코야키, 오코노미야키, 쿠시카츠 등의 음식이 대표적으로 떠오르죠. 디저트 부문에서는 대부분 편의점 혹은 길거리 간식을 먼저 떠올리는 것 같아요. 저도 단순 관광으로만 여행을 갔을 때는 몰랐는데, 이번 디저트 여행을 취재하면서 보니 오사카에도 대단하고 맛있는 빵과 디저트 가게, 일명 숨은 찐맛집이 생각 이상으로 많더라고요. 오사카 여행의 특성상 다른 요소들에 가려져 많이 알려지지 않았다는 걸 느꼈어요. 이 책으로 달콤한 여행이 될 수 있도록 오사카 지역의 디저트를 소개해드릴게요.

Osaka 1장

오사카

아마토 마에다
amato maeda

Add	Namba-walk 5-12, 1 Chome Sennichimae, Chuo ward, Osaka 542-0074
Open	10:00~22:00
Close	없음

오사카 현지에서도 유명한 당고 전문점이에요. 기본 당고 메뉴뿐 아니라 빙수, 아이스크림, 젠자이 등 차와 곁들여 먹는 디저트부터 간단 식사 메뉴까지 다양한 음식을 판매하는 곳이에요. 당고도 먹고 싶고 다른 디저트도 먹고 싶은 분들에게 딱 안성맞춤인 시그니처 당고 파르페는 꼭 드셔보세요! 전반적으로 가격도 착하기 때문에 만족도가 더욱 높아요. 당고 파르페는 모나카, 소프트아이스크림, 당고, 와라비모치 등 일본의 대표 디저트를 다 모아놓은 구성인데 하나하나 다 맛있어서 단독으로 먹어도 좋고, 모나카 위에 취향대로 올려서 같이 먹는 재미까지 있는 디저트랍니다. 미타라시 당고 외에도 김에 싸여진 노리 당고, 콩가루에 묻힌 키나코 당고까지 모두 맛있어요!

취향대로 만들어 먹는 모나카 DIY

매장에서 직접 만드는 미타라시 당고

포장 주문한 노리 당고

따뜻한 녹차와 함께 나오는 당고 파르페

뉴 루브르

new louvre

Add	558-0031 Osaka, Sumiyoshi ward, Sawanocho, 2 chome-8-18 眉山マンション
Open	07:30~16:00
Close	월요일, 목요일(비정기적 휴무)

달걀말이 토스트로 한때 인스타그램에서 엄청 핫했던 바로 그곳! 귀여운 비주얼과 궁금증을 자아내는 신박함에 홈쿡 레시피로도, 카페 메뉴로도 유행했어요. 뉴 루브르는 오사카 현지에서도 유명한 킷사텐 맛집으로, 시내 중심 관광지에서는 조금 떨어진 곳에 위치하고 있지만 크게 부담되는 거리는 아니니 걱정은 마세요!
주인 할머니가 토스트 만드는 모습을 카운터석에서 바라보고 있으면 기다리는 시간도 금세 지나가요. 제가 주문한 달걀 토스트는 정말 담백하고 순한 느낌으로, 특별한 맛은 아니지만 커피 혹은 우유 한 잔과 같이 먹는 게 아침으로 딱 좋더라고요! 또 일반적인 타마고 산도와는 달리 독특하게 마요네즈를 찍어 먹는 스타일이라 더 인상적이었어요.

세월이 느껴지는 매장 외관과 앤티크한 느낌이 인상적인 메뉴판

조리 과정을 볼 수 있는 오픈 키친

아침으로 딱 좋은 흰 우유와 달걀 토스트의 조합

화이트버드 커피 스탠드

whitebird coffee stand

Add	530-0057 Osaka, kita ward, sonezaki, 2 chome-1-12 国道ビル102
Open	11:00~23:00, 일/공휴일 11:00~22:00
Close	비정기적 휴무 인스타그램에 공지

우메다역 근처에서 디저트 맛집이자 분위기 좋은 카페에, 늦은 시간까지 영업하는 곳을 찾는다면 바로 여기예요. 계절에 맞는 디저트를 푸딩, 파르페, 케이크 등 다양한 라인업으로 선보이며, 밤에는 바bar 메뉴도 같이 즐길 수 있어요. 저도 두 번 방문했는데 아늑하고 차분한 분위기라서 혼자 머물기에도 좋았고, 친구와 편하게 이야기 나누기에도 좋았어요.
제가 먹어본 몽블랑 파르페와 단호박 푸딩 케이크, 군고구마 브륄레는 전부 시즌 디저트였는데, 파르페는 이곳의 대표 디저트로 계절에 맞게 다양한 맛을 선보여요. 한국에서도 많이 판매하는 군고구마 브륄레를 굳이 먹었던 이유는 흔하지 않게 흑임자 아이스크림을 같이 서브해주기 때문이었어요. 결론은 대만족! 당연히 맛있을 수밖에 없는 조합이지만, 여기서 먹은 디저트 중 제일 기억에 남아요.

촉촉하고 부드러운 단호박 푸딩 케이크

에스프레소를 주입하는 독특한 스타일의 몽블랑 파르페

미니 쿠키를 같이 내어주는 블렌드 커피

빈티지한 무드가 가득한 주방 모습

④ 오사카 유일무이 완두 크레페

크레이프 엔도우
クレープえんどう

1호점 • 크레이프 엔도우 クレープえんどう

Add	2 chome-5-1 Tennojichokita, Abeno ward, Osaka, 545-0001
Open	12:00~19:00(재료 소진시 마감)
Close	토~화요일 (비정기적 휴무 인스타그램에 공지)

이곳은 전국 각지에서 찾아와 오픈 시간 전부터 웨이팅하는 진짜 일본 현지 맛집이에요. 이곳의 즌다 크레페가 시그니처로 가장 유명한데, 즌다ずんだ는 일본에서 정말 잘 쓰이는 식재료인 풋콩, 완두콩이라고 보면 돼요.
1호점은 먹고 갈 수 있는 공간이 1층과 2층에 작게 마련되어 있어 좋았어요. 그리고 2호점에는 없는 1호점 한정 메뉴 크림브륄레 크레페를 판매해요. 크레페 속에 들어가는 소스를 직접 고르는 방식으로 초코, 캐러멜, 딸기 세 가지 옵션이 있어요. 저는 가장 인기 있는 캐러멜 소스로 골랐는데 크림브륄레랑 정말 잘 어울렸어요. 쫀득한 크레페 속에 바닐라 아이스크림까지 알차게 들어 있어서 꿀맛 그 자체!

1호점의 1층과 2층의 취식 공간

1호점 한정 크림브륄레 크레페

크레페 속 바닐라 아이스크림과 캐러멜 소스가 듬뿍!

2호점 • 크레이프로오카시 엔도우 クレープとお菓子えんどう

Add	3 chome-8-11 abenosuji, abeno ward, osaka, 545-0052
Open	13:00~19:00 (재료 소진시 마감)
Close	없음

2호점은 테이크아웃만 가능해서 주로 매장 앞에서 먹거나 근처 공원에서 먹는다고 해요. 저는 대표 메뉴인 즌다 크레페를 먹었는데 크림 크레페와 핫 크레페 두 가지 버전 중에서 핫 크레페로 주문했어요. 크림 크레페는 일반적인 쫀득한 크레페고 핫 크레페는 바삭한 크레페예요! 또 엔도우는 동물성 생크림을 사용한 크림이 맛있기로 유명한 곳이라, 즌다 크레페에 생크림 토핑을 두 배, 세 배 추가하는 게 인기예요. 바닐라 아이스크림이랑 같이 추가할 수도 있고요! 저는 생크림만 한 번 추가해봤어요. 한국에서는 맛볼 수 없는 독특하고 매력적인 맛이라 너무 좋았어요. 저처럼 즌다를 좋아하거나 즌다의 맛이 궁금한 분들은 꼭 드셔보세요 !

2호점 매장 외관

작가 레시피:
핫 크레페 즌다
버터에 생크림
한 번 추가!

크레이프엔도우 시그니처,
두 가지 버전의 즌다 크레페

クレープとお菓子

⑤ **오사카 대표 파티스리로 자리 잡은**

우메다

하녹

Hannoc

Add	530-0028 Osaka, Kita ward, Banzaicho, 4-12 1F
Open	11:00~21:00
Close	비정기적 휴무 인스타그램에 공지

오사카를 대표하는 파티스리(제빵, 과자점) 중 근래 가장 핫한 곳으로 손꼽히는 하녹! 화려한 라인업과 시즌 디저트로 사랑을 받고 있는데, 다른 가게와 차별화된 점은 각 메뉴에 그 디저트를 만든 셰프의 사진과 소개를 같이 써놓은 점이었어요. 이런 시스템이 저에게는 더 특별하게 느껴졌답니다. 또 시즌 디저트를 '○○ 페스티벌'이라는 콘셉트로 진행하는 점도 인상적이었어요. 피스타치오 페스티벌 때 부쉬드 피스타와 피스타치오 딸기 파리브레스트, 피스타치오 라테를 먹었는데 비주얼만 예쁜 게 아니라 모든 메뉴가 다 맛있었어요. 가을 시즌에는 고구마, 밤, 단호박을 활용한 디저트 페스티벌이 열리니 각자 좋아하는 시즌에 맞춰 방문한다면 분명 만족할 거예요!

홀케이크 및 버터 샌드 쿠키 등 다양한 디저트 라인

하녹만의 특별한 운영 방식: 디저트와 파티시에의 소개까지!

피스타치오 크림 라테

녹진한 피스타치오 맛으로 가득 채워져 있는 부쉬드피스타

⑥ **Since 1951, 2대째 운영 중인 킷사텐**

아라비야 커피

Arabiya coffee

Add	1 Chome-6-7 Namba, Chuo ward, Osaka 542-0076
Open	평일 12:00~18:00, 주말 10:00~19:00
Close	없음(비정기적 휴무 인스타그램, 매장에 공지)

난바 도톤보리 근처에 위치한 아라비아 커피는 1951년에 개업한 커피 전문점 킷사텐으로, 아버지의 가게를 아들이 물려받아 70년 넘게 운영 중이에요. 대표 메뉴는 핫케이크와 푸딩, 프렌치토스트, 커피 젤리 등으로 커피뿐만 아니라 디저트 메뉴가 시그니처로 자리 잡았어요. 특히 푸딩과 커피 젤리는 마니아층도 탄탄해서 오후에 가면 품절인 경우가 잦다고 해요. 오사카와 도쿄의 정통 프렌치토스트 스타일은 조금 다른데, 아라비아 커피에서는 전형적인 오사카 스타일의 프렌치토스트를 맛볼 수 있어요. 전체적으로 촉촉하고 많이 달지 않아서 시럽을 뿌려 먹어야만 달달함이 추가돼요. 커피 젤리는 제가 정말 좋아하는 커피 디저트라서, 다른 곳과 차별화된 아라비아만의 독특한 커피 젤리는 꼭 먹어봐야 했어요. 맛이 정말 진해서 카페인에 약한 분은 주의하시고 하드코어한 커피 젤리를 찾고 있는 분들에게는 꼭 추천드려요!

유니크한 아이스 블렌드 커피와 작가 추천 메뉴인 반숙 달걀

프림과 시럽을 각자의 취향대로 넣어 먹는 커피 젤리

아라비아 커피 인기 디저트인 푸딩과 커피 젤리

록쿠비라

Rock villa

Add	3 chome-17-23 Higashiobase, Higashinari ward, Osaka,537-0024
Open	08:00~17:30
Close	수요일(비정기적 휴무 인스타그램 공지)

오사카의 한인타운, 츠루하시 시장은 한국의 전통시장이 연상되는 곳인데 대부분의 가게에서 김치를 팔고 있을 정도로 김치가 유명해요. 이곳에 위치한 록쿠비라는 특제 김치 샌드위치로 각종 방송에서 맛집으로 소개되어서 일본 사람들도 웨이팅해서 먹을 만큼 인기가 많아요. 심지어 한국어 간판까지 붙어 있어서 더 인상적이었고요.
믹스 샌드위치는 우리나라 길거리 토스트와 비슷해요. 따끈따끈하게 바로 만들어주는데 흰 우유가 딱 어울리겠다 싶어서 커피 대신에 우유랑 같이 먹어봤어요. 타마고 산도는 마요네즈와 두툼한 오믈렛이 들어간 정석 달걀 샌드위치! 다 맛있게 먹어서 오사카 갈 때마다 방문 확정인 곳이에요.

록쿠비라를 상징하는 각종 매체 포스터와 간판들

최고의 궁합, 따끈따끈한 달걀 샌드위치와 차가운 흰 우유

포장해온 오믈렛 샌드위치

비건 카페 시스터

Vegan café sister

Add	Naniwa building, 102 1 chome-5-15 bakuromachi, chuo ward, Osaka, 541-0059
Open	11:00~18:00
Close	매달 인스타그램에 공지

오사카에서 발견한 놀라운 비건 디저트 숍! 처음 봤을 때 비건 디저트라고는 전혀 생각 못 할 정도로, 쁘띠 갸또가 고급스러웠어요. 비주얼부터 라인업까지 완벽해서 호기심을 엄청 자극시킨 곳이에요. 이곳에 대해서 조금 찾아봤는데 셰프님이 서울에서 비건 디저트 팝업도 했었지 뭐예요! 비건 전문 매장이지만 몇 가지는 글루텐프리가 아닌 디저트도 있다고 해요. 특유의 비건 재료 맛도 진했지만, 비건 요소 외에 각 재료 본연의 맛을 진하게 표현해줘서 정말 맛있게 먹었어요. 한국에서 이런 프랑스 디저트 비주얼의 비건 디저트는 만나본 적이 없어서 더욱 인상 깊어요. 오사카에서 맛있는 비건 디저트를 먹고 싶은 분들에게 추천해요!

가을 시즌 한정 메뉴 고구마 파르페

비건 초콜릿 디저트의 맛을 느낄 수 있었던 누아제트

시스터의 디저트 쇼케이스 및 간단한 구움과자

가장 맛있게 먹은 베스트 피스타치오 타르트

그루니에

Grenier, グルニエ

1호점 • 우메다점

Add	530-0017 Osaka, Kita ward, Kakudacho, 8-47, Hankyu grand building 1F
Open	10:00~20:00
Close	비정기적 휴무 인스타그램에 공지

이제는 오사카 여행 필수 디저트 맛집으로 자리 잡은 그루니에. 2024년 핫키워드 중 하나였던 '크림브륄레'가 주력이며 밀푀유를 손으로 들고 먹는 콘셉트로 신선하고 강력한 인상을 준 브랜드예요. 시그니처인 밀푀유 디저트 외에도 다양한 구성과 종류의 구움과자를 판매하고 있어요. 특히 쿠키 틴케이스 박스는 지인들에게 선물하기 딱 좋은 디저트 상품! 낱개로도 팔고 있으니 맛을 먼저 본 후에 취향에 맞는 패키지를 구매하면 좋아요. 밀푀유 디저트 메인 메뉴는 크림브륄레 맛으로, 달달한 바닐라빈 커스터드 크림이 입가를 다 묻힐 만큼 가득 들어 있어요. 크기도 크고 양도 듬뿍! 무엇보다 맛있어서 충분히 값어치를 한다고 생각해요.

크림이 터질듯이 듬뿍 들어 있는 크림브륄레 밀푀유

그루니에 우메다점은 매장 앞의 공원에서 취식 가능해요!

신박하고 새로운 크림브륄레 밀푀유의 비주얼과 포장법

2호점 • 그루니에 기타하마점

Add	541-0045 Osaka, Chuo ward, doshomachi, 1-chome-3-8
Open	10:00~19:00
Close	없음(연말연시 비정기직 휴무)

우메다 본점의 인기에 힘입어 기타하마점까지 오픈한 그루니에. 판매하는 디저트는 같은데 기타하마점은 매장 앞에 먹을 수 있는 공간도 작게 마련돼 있어요. 또 우메다점에 비해 많이 알려지진 않아서 훨씬 한적하고 여유로워요.
그루니에 시즌 디저트는 계절 과일을 이용한 맛과 계절을 잘 표현하는 맛들로, 저는 가을 시즌 한정 메뉴 몽블랑 맛을 먹어봤어요. 몽블랑 크림, 커스터드 크림, 생크림, 크럼블 구성으로 처음엔 뻔한 맛 조합이라고 생각했는데, 포인트를 주는 킥이 있어서 놀랐어요. 생각한 것보다 더 맛있어서 먹으면서도 '역시 여긴 맛집이다' 느낀 곳! 숙소나 여행 동선이 이 근처라면, 기타하마점으로 방문해보세요!

기타하마점 매장 외관

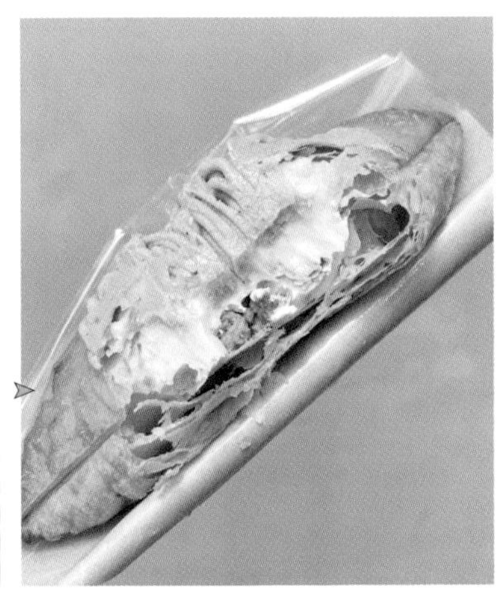

바삭한 페이스트리와 마지막 한입까지도 크림 가득한 몽블랑 밀푀유

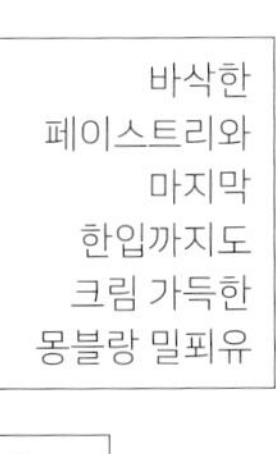

다양한 구움과자 디저트 및 잼 코너

선물용으로 안성맞춤! 틴케이스 쿠키박스

grenier
patisserie

⑩ **수제 샌드위치 전문점** 도톤보리

루에카

Lueca, ルエカ

Add	542-0066 Osaka, Chuo ward, Kawarayamachi, 2 chome-14-4 1F
Open	08:00~15:00
Close	일요일(비정기적 휴무)

일본 여행하면 빠질 수 없는 필수 먹거리 샌드위치! 저도 정말 좋아해서 도시별로 현지 맛집을 찾아다니는데요, 편의점 샌드위치보다는 수제 샌드위치 전문점이 가격, 양, 맛 모든 면에서 더 좋으니까요! 루에카도 오사카에서 유명한 샌드위치 맛집으로, 직장인의 아침 출근길을 담당하는 곳이에요. 편의점 샌드위치보다 조금 비싸지만 그만큼 양이나 맛도 더 높은 수준이죠. 저는 어느 샌드위치 가게든 기본적으로 달걀 샌드위치는 무조건 먹어보는 마니아라 두 가지를 다 구매했어요. 부드럽고 촉촉한 식빵의 식감에, 각각의 내용물도 푸짐해서 추천하는 곳이에요. 인기가 많아서 오전 중에 품절이 될 수 있으니 원하는 샌드위치가 있다면 일찍 방문해보세요!

인기 No.1 타마고 산도!

작가 추천. 에비카츠 산도!

작가 추천: 아츠야키 타마고, 에비카츠, 타마고 산도

루에카 마스코트 캐릭터는 개구리, 개구리는 일본어로 카에루!

⑪ **두툼한 버터 토스트가 일품**

카페 드 이즈미
カフェドイズミ

Add	3 chome-5-11 Ebisunishi, Naniwa ward, Osaka 556-0003
Open	08:30~17:00 일요일 08:30~12:00
Close	없음

덴노지동물원 근처라 외국 관광객에게도 유명하고 현지인들의 동네 사랑방인 곳! 아침 식사하러 오는 주민들이 대부분이고 흡연이 가능한 곳이라 20세 미만은 출입 불가인 킷사텐이에요. 토스트 세트 메뉴가 있어서 가성비 좋게 식사할 수 있다는 점도 이곳의 장점이랍니다. 대표 메뉴 중 하나인 시나몬 데니시 토스트는 데니시 식빵을 두껍게 토스트한 뒤 시럽과 시나몬 가루를 듬뿍 뿌려 달달하고 풍미가 진한 메뉴예요. 휘핑크림도 곁들여 먹으면 당연 더욱 꿀맛! 저는 다른 인기 메뉴 블루토가 가장 맛있었어요. 두툼한 버터 토스트인 블루토는 아주 잘 만든 버터 소금빵의 두툼한 식빵 버전이라고 보면 와닿을 것 같아요. 핫 비엔나 커피는 휘핑크림이 듬뿍 올라갔는데도 느끼하지 않고 깔끔했어요. 내부 촬영은 사람이 나오지 않는 선에서, 주문한 음식만 가능한 곳이니 주의해주세요!

시럽과 버터가 촉촉하게 스며든 시나몬 데니시 토스트

두툼하고 큼지막한 블루토 토스트

핫 비엔나 커피

매장 앞에도 알아보기 쉬운 그림 메뉴판이 있어요!

⑫ **초대왕 달걀 샌드위치를 만날 수 있는 곳**

교바시

백스트리트 커피

back street coffee

Add	1 chome-1-12 Noe, Joto ward, Osaka 536-0006
Open	08:00~18:00, 월, 목 08:00~12:00
Close	없음(비정기적 휴무)

오사카에서 '대왕 타마고 산도' 원조로 이름을 날린 백스트리트 커피입니다. 달걀 샌드위치 스타일만 해도 여러 종류고 그 외에도 샌드위치, 토스트 메뉴가 다양해서 여러 번 방문해야겠다 싶은 곳이에요. 저는 앙버터 토스트랑 달걀이 무려 12개나 사용되는 패닉 더 에그panic the egg 샌드위치를 주문했어요. 미니 샐러드가 작게 같이 나오는 구성도 마음에 들고, 비주얼만큼 맛도 좋은 곳이에요. 따끈따끈하게 토스트한 식빵은 빵 자체가 쫄깃하고 두툼해서 정말 맛있었어요. 달걀 샌드위치로 유명한 곳이라 앙버터 토스트는 큰 기대를 안 했는데 기대 이상으로 너무 맛있어서 둘 다 추천해요. 1층은 흡연석, 2층은 금연석으로 운영 중이고, 이 외에도 술과 카레 메뉴도 판매하며, 주말과 평일 한정 메뉴가 따로 있어요. 원하는 메뉴가 있다면 한정 판매 요일을 잘 보고 방문하세요!

앙버터 토스트와
달걀 샌드위치,
블렌드 아이스커피

멀리서도 눈에 띄는
백스트리트 커피의
파란색 간판!

푸짐한
팥앙금&버터

사장님의 취향이
느껴지는 피규어와
만화책이 가득한
2층 내부

키야스소혼포

kiyasusohonpo

Add	530-8202 Osaka, Kita ward, Umeda 3 chome-1-1 Daimaru B1
Open	10:00~20:00
Close	없음

오사카 다이마루백화점 우메다점 지하 1층 식품관에 위치한 당고 전문점으로, 1948년 개업한 본점은 주소역 근처에 위치해 있어요. 오래된 전통으로 이미 현지에서는 타베로그 최고의 스위트로 선정됐을 정도로 유명하고 다른 지역에서도 찾아올 만큼 인정받는 당고 맛집이에요. 대표 메뉴인 미타라시 당고는 흔한 당고와는 다르게 떡꼬치가 생각나는 비주얼이에요. 구워 먹는 야키 당고인데 굽기 정도가 세 가지로, 주문 시 취향대로 고를 수 있다는 게 인상적이에요. 우메다점은 웨이팅이 필수이지만 오픈 키친이라 당고 만드는 모습을 볼 수 있어서 지루하지 않았어요. 미리 만들어두는 게 아니라 주문과 동시에 갓 구워 내주기 때문에 더 맛있고, 본점과 맛도 똑같아서 현지인도 우메다점을 많이 찾는다고 해요.

굽기 2단계, 후츠普通 당고

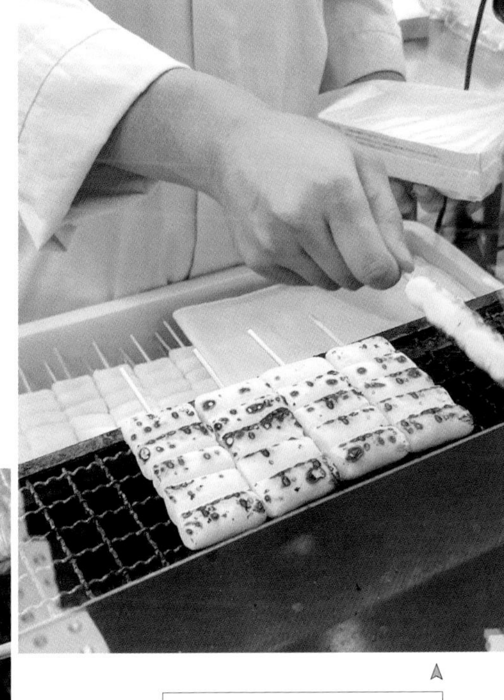

매장에서 계속해서 구워내는 당고

굽기 3단계, 오오메多め 당고

블랑제리 고트

Boulangerie gout

Add	1 chome-3-5 Andojimachi, Chuo ward, Osaka, 542-0061
Open	08:00~20:00
Close	수요일, 목요일

오사카를 대표하는 블랑제리 중 하나인 블랑제리 고트는 여러 상을 수상한 유명 빵집이에요. 본점은 다니마치로쿠초메에 있고 근처 다니마치욘초메에 카페 이용이 가능한 매장이 하나 더 있어요.
제가 고른 빵들 전부 맛있게 먹었는데 특히 인상 깊었던 건 구운 쌀 카레빵이에요. 바게트 같은 하드빵 스타일인데, 쌀가루로 만든 카레빵은 저도 처음 먹어보는 거라서 더욱 특별하게 느껴졌어요. 겉은 바삭하고 속은 쫄깃한 식감에 카레까지 맛있어서 카레빵 좋아하는 분들은 꼭 먹어봤으면 해요.
또 이곳에는 매일 12~13시에만 특별 한정 메뉴로 타마고 산도를 판매해요. 수량도 적은데 인기가 많아서 금방 품절돼요. 핫도그 비주얼의 하얀 빵에 일본식 달걀말이가 두 덩이 들어 있는데, 빵이 쫀득쫀득한 데다 달걀말이까지 너무 맛있었어요. 왜 인기 있는지 바로 납득 가는 맛!

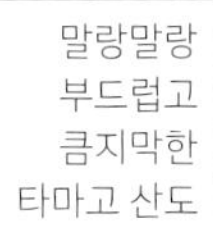

말랑말랑
부드럽고
큼지막한
타마고 산도

구운 쌀 카레빵米粉の焼きカレーパン

프랑스 바게트
종류도 다양해요

작가 추천: 검은콩빵, 구운 쌀
카레빵, 퀸아망, 밤 데니시

진하고 맛있는
카레가 듬뿍!

하마다야

hamadaya

Add	1 Chome-1-3 Honmachi, Chuo Ward, Osaka 541-0053
Open	08:30~18:00, 토/공휴일 09:30~18:00
Close	일요일

'파티시에가 있는 킷사텐'으로 차별화된 콘셉트를 가진 곳을 소개할게요. 원래는 킷사텐 메뉴만으로 운영되던 곳이 리뉴얼 오픈 후 현재의 운영 방식으로 바뀌었는데, 기존의 식사 메뉴는 그대로 유지하고 추가로 디저트만 더 업그레이드해서 현지에서는 오히려 젊은 고객층이 늘어나 더 인기가 많아졌어요.
화려한 비주얼의 시즌 디저트도 유명하지만, 고정 디저트 역시 인기가 많아요. 고정 디저트 중에서 시그니처는 쇼트케이크, 슈크림, 푸딩 등 대중적이고 대표적인 일본식 디저트예요. 저는 여기서 커피 맛 슈크림을 먹었는데 슈 자체가 정말 잘 만들어졌어요. 눅눅하지 않고 크기도 큼지막해서 좋았고 무엇보다 커피 맛의 크림이 진짜 맛있었답니다. 디저트는 11시부터 제공되니 디저트가 목적인 분들은 꼭 시간 참고 후 방문하세요!

커피 크림이 듬뿍 들어 있는 슈

시그니처 계절의 디저트: 몽블랑 쇼트케이크

하마다야 매장 외관 모습

카눌레 드 재팬
canelé du japon

Add	1 Chome-6-24 Sakuragawa, Naniwa ward, Osaka 556-0022
Open	10:00~19:00
Close	일요일, 수요일

한입에 쏙 넣기 좋은 미니 카눌레 전문점으로 이미 일본에서는 유명한 브랜드예요. 온라인 숍도 운영 중이고 굿즈도 다양하게 판매하고 있어요. 계절별로 카눌레 맛이 바뀌는데, 제가 구매한 맛은 호지티, 애프리콧, 브라운슈거 월넛, 커피, 맛차 앙코, 코코넛 초콜릿이에요. 낱개로도 구매 가능하고 박스로 원하는 맛을 골라 담을 수도 있어요. 카눌레 식감은 바삭 단단한 프랑스 스타일이 아닌 일본 스타일로, 쫀득하고 말랑말랑해요.
카눌레뿐만 아니라 귀여운 굿즈 쇼핑하기에도 좋아요. 오사카에 지점이 세 곳 있는데 저는 사쿠라가와점에서는 카눌레를, 나가호리점에서는 굿즈를 구매했어요. 판매하는 상품은 모두 같으니 가까운 곳으로 방문하세요!

나가호리점의 굿즈 코너

구매한 카눌레의 맛 구성

사쿠라가와점 굿즈 코너

사쿠라가와점 외관

피크 로스트 커피

peak roast coffee

Add	553-0003 Osaka, Nishi Ward, Kyomachibori, 1 Chome-9-14 O-KYO 1F
Open	09:00~18:00
Close	목요일

우츠보공원 근처, 아침부터 저녁까지 맛있는 디저트와 커피를 즐길 수 있는 곳! 인기 메뉴인 시즌 토스트와 샌드위치 외에도 다양한 메뉴가 있는 곳으로, 직접 로스팅한 원두로 핸드드립 커피도 판매해 커피 맛집으로도 유명해요.
시그니처 메뉴인 프렌치토스트는 작게 조각내서 겉은 더욱 바삭하고 속은 촉촉한 게 이곳만의 특징이에요. 바닐라 아이스크림과 생크림까지 더해져 달달함까지 만족스럽게 채워주는 백 점 만점의 프렌치토스트였어요. 당근케이크 식감은 묵직한 편이며 크기도 큼지막해서 좋았는데, 견과류와 건과일이 많이 들어 있어서 취향에 따라 호불호가 있을 것 같아요. 음식도 맛있는데 공간도 편안하게 머물 수 있어서 더 좋았던 카페예요.

겉바속촉 식감이 보이는 프렌치토스트 단면

건과일과 견과류가 듬뿍 들어간 당근 케이크

라테아트가 예술, 핫 카페라테

각종 대회 수상 트로피로 맛집 검증!

⑱ **특색 있는 미소 당고**

츠루하시

오하기노탄바야

おはぎの丹波屋

1호점 • 오사카점

Add	3 Chome-17-7 Higashiobase, Higashinari Ward, Osaka, 537-0024
Open	10:00~18:00
Close	없음(비정기적 휴무 공식 사이트에 공지)

된장소스 베이스의 미소 당고가 맛있다고 알려진 떡집! 오사카에서 처음 설립되어 오사카시에만 열 개가 넘는 점포를 갖고 있어요. 간사이 지역에서는 맛집으로 유명해 교토에도 지점이 있고요. 저는 오사카 츠루하시점과 교토 시조점 두 곳을 방문해봤는데 판매하는 떡의 종류는 거의 같았지만 지점별 차이가 있을 수 있어요.

대표 메뉴인 미소 당고와 미타라시 당고, 그리고 이모망이라는 고구마떡까지 구매해봤어요. 미소 당고는 확실히 일반 미타라시 당고보다 더 짭짤해서 취향을 탈 것 같아요. 미타라시 당고는 딱 알던 맛이지만, 5개입에 100엔이라는 가격 메리트가 최고예요. 이모망은 노란 고구마떡 속에 팥앙금이 들어 있어 쫄깃쫄깃하고 달달해서 딱 좋았어요.

츠루하시점에서 구매해온 미타라시 당고, 이모망, 미소 당고

여러 맛의 구성, 다양한 당고 종류

2호점 • 교토 시조점

Add	240 Gionmachi Kitagawa, Higashiyama ward, Kyoto, 605-0073
Open	10:00~18:00
Close	없음(비정기적 휴무 공식 사이트에 공지)

사실은 오사카점보다 교토 시조점이 더 알려져 있어요. 저 역시 교토 시조점을 먼저 방문했고요. 이곳은 매장에서 직접 당고를 굽는 모습을 볼 수 있었는데 교토점 미소 당고의 구움 정도가 훨씬 더 진했어요. 만드는 사람이 다르다 보니 차이가 있을 거예요. 공식 사이트에 점포 정보 및 공휴일 휴무 등이 자세하게 기재되어 있으니 참고해주세요!

매장에서 직접 떡을 굽고 만드는 교토점

갓 만들어서 따끈하고 쫄깃한 미소 당고

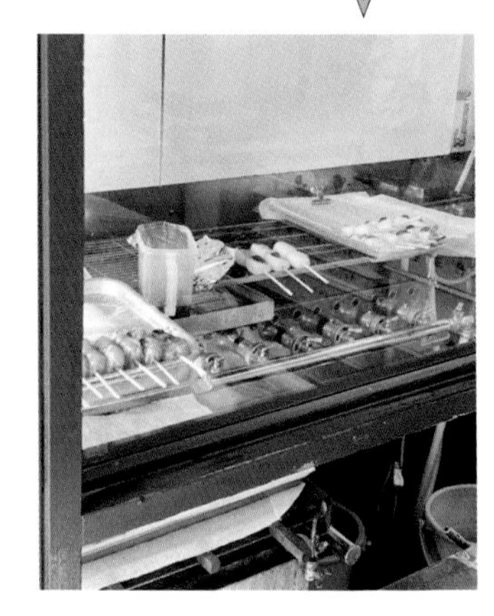

おはぎの
丹波屋
営業時間
10時～18時
応援
学割
50円
たんご
100
170円

베이커리 파네나 우츠보

bakery panena utsubo

1호점 • 우츠보점

Add	550-0004 osaka, Nishi ward, Utsubohonmachi, 1 Chome-9-18
Open	08:00~17:00
Close	월요일, 화요일

오사카에도 하드빵이 열풍인데 현지에서 가장 핫한 빵 맛집으로 손꼽는 곳이에요. 지점은 우츠보점과 타니로쿠점 두 곳으로, 우츠보점은 하드빵 계열 외에 스콘도 시그니처로 유명한데요, 타니로쿠점보다 라인업이 다양했어요. 고구마, 단호박 스콘은 담백한 원물 맛이 특징이고 카레 어니언 스콘은 이국적인 맛이 진하게 나서 향신료를 좋아하는 분께 추천드려요. 제가 구매한 스콘 산도는 가을 시즌 한정 메뉴로, 몽블랑 스콘 산도는 밤 크림과 잼 맛이 각각 진해서 달달하고, 고구마 브륄레 스콘 산도는 캐러멜 소스의 단맛과 통고구마의 담백함이 밸런스가 아주 좋았어요. 구황작물 덕후라면 꼭 추천드려요!

인기 라인 소금빵, 소시지빵과 반찬 계열의 오픈 샌드위치

파네나 우츠보의 매장 외관

작가 추천: 가을의 맛 스콘들

우츠보점의 다양한 스콘

2호점 • 타니로쿠 파네나점 Tani Roku panena

Add	540-0012 Osaka, Chuo ward, Tanimachi, 7 Chome-1-39
Open	10:00~20:00
Close	일요일, 월요일

타니로쿠 파네나에서는 피스타치오 크림치즈 로데부와 버터 코코넛, 카레 어니언 스콘을 구매했어요. 저는 파네나에서 크림치즈 베이스의 하드빵인 로데부를 특히 맛있게 먹었는데, 맛은 시즌에 따라 변동되며 제가 방문했던 시기엔 피스타치오 맛이 시즌 메뉴였어요. 피스타치오 크림과 크림치즈가 듬뿍! 로데부는 특히나 한국에서는 보기 힘든 스타일이라 더더욱 추천하는 빵이에요. 그 외에도 소금빵, 크림빵, 앙버터 및 조리빵 계열의 샌드위치 등 누구나 좋아할 만한 빵도 다양하게 판매하고 있어요. 두 지점은 대부분 비슷하나, 시그니처로 판매하는 빵들이 조금씩 달라서 원하는 메뉴가 있는 지점으로 방문해보세요. 두 곳 다 방문할 수 있다면 베스트고요!

타니로쿠 파네나 매장

피스타치오 크림치즈 로데부

피스타치오 크림과 크림치즈가 가득

타니로쿠점의 스콘

⑳ **일본 감성 가득, 조용하게 핫한** 텐마

노바 킷사토오카시

NOVA 喫茶とお菓子

Add	530-0043 Osaka, Kita ward, Tenma,3 Chome-1-5
Open	08:00~17:00
Close	수요일(비정기적 휴무 인스타그램에 공지)

텐마바시 공원 근처, 현지인들에게 예전부터 꾸준하게 사랑받고 있는 카페인데요, 이곳은 아침 식사 메뉴와 시즌 디저트 메뉴를 판매하는 시간대를 나눠서 운영 중이에요. 아침 한정으로는 앙버터 토스트와 타마고 산도가 대표 메뉴이고 고정 디저트인 푸딩과 치즈케이크는 이 시간에도 먹을 수 있어요. 12시부터 제공되는 시즌 케이크는 특히 더 인기가 많아서 품절이 빠른 편이라 해요.
저는 타마고 산도를 먹으러 아침에 방문했는데 바로 만석이 될 정도로 인기가 많아서 놀랐어요. 타마고 산도는 폭신하고 부드러운 식감의 기본적인 스타일이지만 마요네즈에 홀그레인머스터드를 듬뿍 섞어 특유의 시큼한 맛이 특징인 새로운 스타일이었어요. 여름 한정 메뉴로 빙수를 판매하는데 역시 인기 메뉴예요. 머그잔뿐만 아니라 테이블웨어와 카페의 분위기, 공간 인테리어가 일본 감성을 더욱 잘 느끼게 해주어 좋았어요.

노바만의 감성이 돋보이는 외관

반 정도 마신 커피에 우유를 더해 두 번째 커피 맛도 즐기기

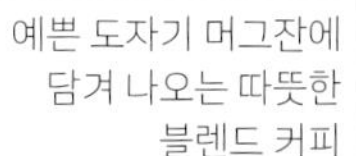

예쁜 도자기 머그잔에 담겨 나오는 따뜻한 블렌드 커피

따끈따끈 갓 만들어주는 두툼한 모닝 타마고 산도

㉑ **도톤보리 명물 미니 슈크림**

무켄
mooKEN

Add	542-0085 Osaka, Chuo ward, Shinsaibashisuji, 1 Chome-5-26
Open	11:00~소진시 마감
Close	월요일, 화요일(비정기적 휴무 인스타그램에 공지)

도톤보리 근처, 신사이바시 쪽에서 가장 핫한 디저트 맛집이라고 해도 될 정도로 인기 많은 슈크림 전문점이에요. 오픈 전부터 웨이팅 필수인 곳으로 재료 소진 시 영업이 마감되어요. 한입에 쏙 넣을 수 있는 크기이고, 겉은 바삭바삭한 쿠키슈에 커스터드 크림이 채워져 있어요. 이곳은 크림을 차가운 상태로 넣어줘서 우선 크림부터 너무 맛있고, 슈 겉은 브륄레한 것처럼 바삭바삭한데 속은 쫀득한 식감이라서 다른 곳보다 훨씬 더 맛있다고 느껴졌어요. 10개, 20개, 30개 단위로 구매할 수 있고, 슈 외에는 푸딩을 판매하고 있어요. 인당 30개의 수량 제한이 있어서 저는 20개 박스를 구매했는데, 다음 방문 때는 30개 꽉 채워 살 생각이에요. 왜 줄 서서 먹는지 바로 납득되는 맛이거든요.

계속해서 슈크림을 생산하는 매장 내부

달콤한 커스터드 크림이 채워진 겉바속쫀 슈!

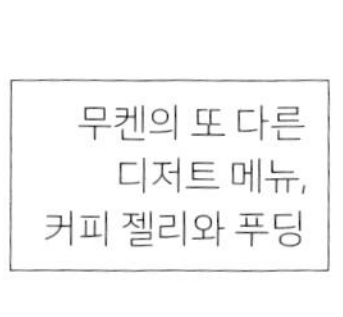

무켄의 또 다른 디저트 메뉴, 커피 젤리와 푸딩

22 쫀득쫀득한 반숙란 카레빵 맛집

덴진바시

오렌지 필즈 브레드 팩토리

orange fields bread factory

Add	530-0041 Osaka, Kita ward, Tenjinbashi, 4 Chome-7-29
Open	07:00~20:00
Close	없음

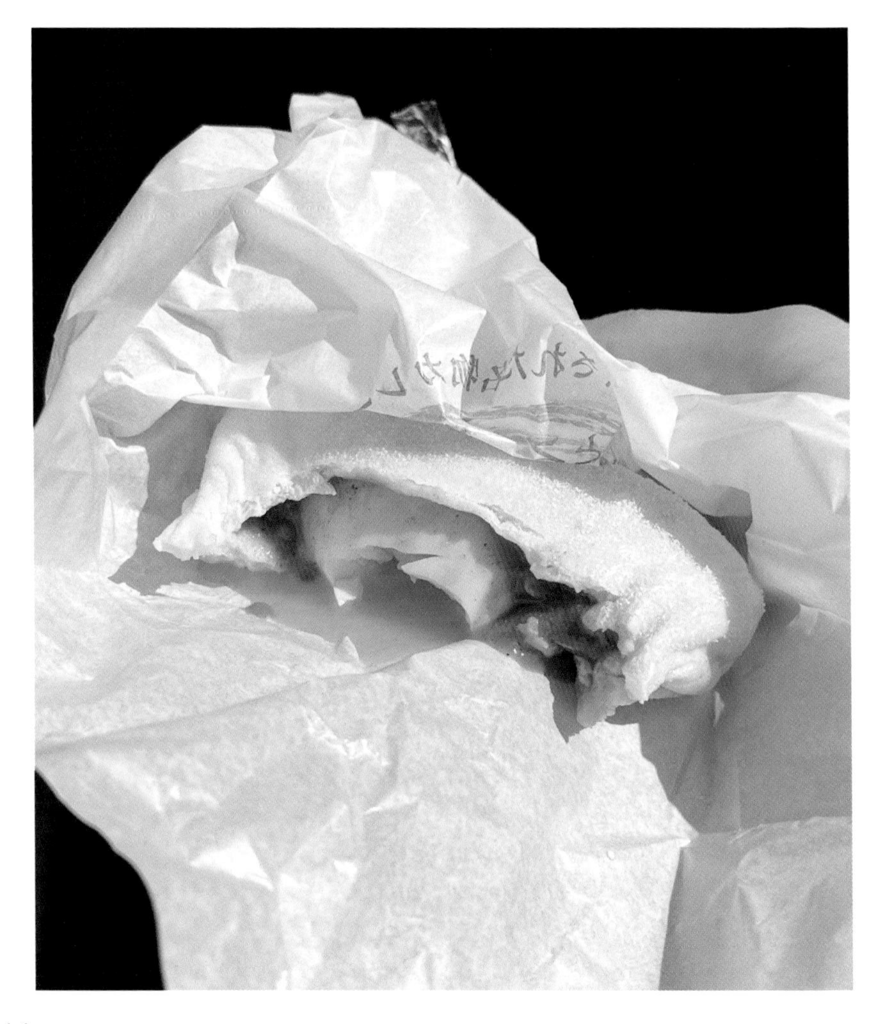

오사카 덴진바시 상점가에 위치한 베이커리 카페로, 아침 식사용 토스트 메뉴부터 샌드위치, 샐러드 그리고 디저트, 빵까지 골고루 판매하고 있어요. 이곳의 시그니처는 바로 반숙란이 들어간 카레빵인데요. 일반적인 튀김 카레빵이 아닌 쫀득쫀득한 하얀색의 저온 구움 빵이라는 게 특별해요. 운 좋게 나온 지 얼마 안 된 따끈따끈한 빵으로 먹어볼 수 있었는데, 반숙란 상태도 카레의 맛도 완벽했고 쫀득한 빵피까지 맛조합이 너무 좋았어요. 시즌 한정 메뉴도 있는데, 제가 갔을 때는 할로윈 기간이라서 단호박 맛의 빵을 팔고 있었어요. 그 외에도 타마고 산도, 홍차 크림빵, 소금빵, 야키소바빵, 검정콩빵 등 다양한 빵들이 있어요. 고른 빵 전부 맛있었는데 그중 저의 베스트 픽은 반숙 카레빵!

달콤하고 진한 맛의 홍차 크림빵

가성비 좋은 인기 메뉴 샐러드와 달걀 샌드위치

대표 시그니처 메뉴! 토로리 반숙란 카레빵

믿고 먹는 야키소바빵

작가 추천: 홍차 크림빵, 반숙 카레빵, 타마고 산도, 단호박 앙금빵

㉓ 오사카 라테 맛집이자 뷰 맛집

기타하마

브루클린 로스팅 컴퍼니

brooklyn roasting company

1호점 • 기타하마점

Add	541-0041 Osaka, Chuo ward, Kitahama, 1 Chome-1-9
Open	평일 08:00~20:00 주말/공휴일 08:00~19:00
Close	없음(비정기적 휴무)

오사카에서 정말 좋아하는 카페라테 맛집이에요. 저는 기타하마점과 난바점을 방문했는데, 각자 다른 매력의 공간이에요. 두 지점 모두 라테아트가 수준급이고 맛도 편차 없이 균일하다는 점이 좋았어요.
기타하마점은 강가 뷰 맛집으로도 유명해서 꼭 가봐야 할 기타하마 카페 리스트에도 빠지지 않아요. 야외 강가 자리에 앉아 있다 보면 배를 타고 지나가는 여행객들과 인사도 하는 재미난 경험을 할 수 있어요. 점심시간부터는 손님이 너무 많아 한적한 오전 시간대에 방문하는 걸 추천드려요. 다양한 음료와 같이 곁들이기 좋은 디저트, 샌드위치도 다양하게 판매 중이에요.

기타하마점 판매 디저트 종류

라테아트도, 맛도 최고!

야외 테라스에서 마시는 커피

2호점 • 난바점

Add	1 Chome-1-21 Shikitsuhigashi, Naniwa ward, Osaka, 556-0012
Open	평일 09:00~20:00 주말/공휴일 08:00~20:00
Close	비정기적 휴무

난바점은 난카이난바 철도 밑에 위치해 있는데, 공장 컨테이너 스타일의 인테리어로 기타하마점보다 공간이 훨씬 넓어요. 특히 작업하는 직장인, 공부하는 학생들도 많이 찾는 곳이라 기타하마점과 다른 현지의 분위기를 더 느낄 수 있어요. 디저트도 난바점이 기타하마점보다 더 다양하게 준비돼 있었어요. 브루클린 컴퍼니 브랜드 굿즈와 드립백 등도 여러 종류를 판매하고 있어서 구경 및 쇼핑하기에도 좋아요!

다양한 굿즈 및 커피 드립백

총 10가지 이상의 디저트

어느 지점에서나 똑같이 맛있었던 카페라테

349

㉔ **계절마다 바뀌는 플레이팅 디저트** 미나미스이타

쿠라시노 센타쿠야 마와리테메쿠루

暮らしの選択屋　マワリテメクル

Add	564-0043 Osaka, Suita, Minamisuita, 2 Chome-16-5-6
Open	12:00~18:00 포장만 가능16:00~18:00
Close	화요일, 수요일

원래는 예약제로만 운영하던 카페였는데, 이제는 일반적인 영업으로 바뀌었어요. 푸딩과 스콘을 주로 다루는 디저트 전문점으로, 계절마다 변동되는 제철 음식을 이용한 디저트로 유명해요. 자연, 마음, 신체에 좋은 재료를 사용해 즐겁게 만들고 있다고 해요. 제가 방문했을 때는 가을 시즌 한정의 몽블랑 스콘 산도와 커피 젤리 파르페를 판매했어요. 몽블랑 크림도 파르페도, 전체적으로 다 맛있었는데 무엇보다 여기 스콘이 딱 제가 좋아하는 스타일의 묵직한 식감이라 정말 맛있게 먹었어요. 그리고 커피 대신에 시그니처 오가닉 티 메뉴인 머스캣 재스민을 마셔봤는데, 살면서 가장 맛있고 인상 깊게 마신 차 음료로 손꼽아요. 차분한 일본 특유의 분위기가 느껴지는 공간으로, 시내 중심지에서는 조금 떨어져 있지만 특별한 시즌 디저트를 먹으러 충분히 갈 가치가 있는 곳이에요.

페이스트리와 커피 젤리, 생크림, 몽블랑 크림 구성의 파르페

밤조림이 올라간 몽블랑 크림 스콘 산도

아이스 머스캣 재스민 티

'고베' 하면 무엇이 먼저 떠오르나요? 개인의 관심사에 따라 다르겠지만, 저는 역시 빵과 디저트가 먼저 떠올라요. 고베는 항구 도시로서, 개항 이후 일본에서 서양 문화를 가장 빨리 받아들인 곳이에요. 그래서 다른 도시에 비해서 특히 유럽풍 베이커리와 카페 문화가 발달하게 됐어요. 이를 잘 느낄 수 있는 대표적인 지역이 바로 기타노이진칸 거리예요. 그 예로, 스타벅스 기타노이진칸점이 상징적인 관광명소로 유명해졌죠.

또 1860년대에 이미 시내에 빵집이 존재했다고 해요. 일본 최초의 빵집도 고베에서 시작됐다고 하니, 고베가 빵과 파티스리, 디저트 러버의 성지순례지로 손꼽힐 만하죠? 이러한 빵의 역사적인 부분을 알고 고베를 방문하면 더욱 재밌는 디저트 여행이 될 거예요!

Kobe 2장

고베

Ⓘ **최초로 고베 마이스터 인증받은 빵집**

모토마치

이스즈 베이커리

Isuzu bakery

Add	1chome-11-18 motomachidori, chuo ward, kobe, hyogo 650-0022
Open	08:00~21:00
Close	없음

1946년에 개업한 고베의 대표 빵집이에요. 최초로 고베 마이스터 인증을 받아 역사가 담긴 고베 지역의 대표 베이커리로 지금까지도 많은 사랑을 받고 있어요. 이스즈 베이커리는 저의 첫 고베 여행인 2017년에 방문했던 빵집이라 더 특별한데, 그때 먹었던 초코돔이라는 빵이 아직도 판매되고 있어서 정말 놀랐어요.
웬만한 빵 종류는 다 있는 것 같은 다양한 라인업이 고르는 재미도 주지만, 또 무슨 빵을 먹어야 할지 고민하게 만들어요. 이름표 옆에 인기 순위도 붙어 있으니 참고하여 골라보세요! 저는 자쿠자쿠 쇼콜라 푸딩, 모토마치 비프카레, 후와 모치 고마 당고를 제일 맛있게 먹었고, 이스즈 샌드위치 No.1인 에그 마요 샌드위치 역시 믿고 먹는 맛이니 같이 추천해요.

이스즈 베이커리의 대표 메뉴 비프 카레빵

이스즈 베이커리의 인기 크루아상 라인

그 외 다양한 샌드위치 제품들

이스즈의 역사가 담긴, 시그니처 초코빵 초코돔

하나사쿠 크레페

ハナサククレープ

Add	4 Chome-3-1, Kitanagasadori, Chuo ward, Kobe, Hyogo 650-0012
Open	13:00~소진시 마감
Close	수요일, 일요일, 비정기적 휴무(인스타그램에 공지)

현재 고베에서 제일 핫한 크레페 가게이자 저의 최애 크레페인 하나사쿠는 2023년에 방문했을 당시엔 지하철역 간이 점포였어요. 그때도 웨이팅 했던 인기 맛집이었는데 어느새 이전해 단독 매장으로 운영하고 있어서 놀랐어요. 심지어 토요일, 공휴일에는 정리권(한국의 캐치테이블과 유사)을 발급받아 운영할 정도였어요.
대표 메뉴는 슈거 버터 크레페로, 이곳의 특징인 바삭한 식감을 가장 잘 느낄 수 있어서 1순위로 추천해요. 저는 앙모치 슈거 버터와 고구마 생크림 크레페를 먹었는데, 이렇게 매 시즌 나오는 스페셜 메뉴들 역시 특별하고 맛있어서 추천하고요! 저는 일반적인 일본식 크레페보다 바싹 구운 크레페를 더 좋아해서 이곳을 특히 좋아해요. 간사이 지역에선 바삭한 크레페를 파는 가게도 꽤 많은데, 제가 먹어본 곳 중에서는 하나사쿠가 가장 바삭하고 맛있더라고요!

주문하면 주는 꽃 그림의 번호표

하나사쿠의 시그니처, 슈거 버터 크레페!

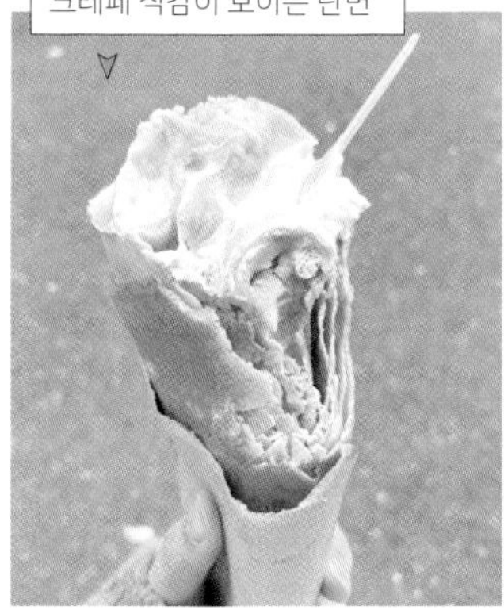
바삭바삭한 크레페 식감이 보이는 단면

시즌 한정 고구마 생크림 크레페

니시무라 커피

nishimura coffee

Add	2 chome-1-20 Yamamotodori, Chuo ward, Kobe, Hyogo 650-0003
Open	10:00~22:00
Close	목요일

일본 3대 커피로도 불리며 고베에서 가장 유명한 킷사텐 니시무라 커피! 무려 1948년에 오픈하여 80년이 넘는 전통이 있어 여러 점포를 가지고 있을 정도로 인지도가 대단해요. 원래 1974년 일본 최초의 회원제 다방으로 개업했다가 1995년부터 일반인에게도 개방했다고 해요. 제가 방문한 기타노이진칸점은 고풍스러운 분위기에 앤티크한 가구들로 채워진 공간이 오래된 전통성과 서양 문물의 역사를 강조해주는 느낌이었어요. 케이크도 유명하지만 특히 인기 있는 메뉴라 하면, 겨울에는 후르츠 산도 딸기 샌드위치, 여름에는 통얼음 속에 커피를 넣어 내어주는 아이스커피가 있어요. 딸기 샌드위치는 아는 맛이지만 전체적인 플레이팅과 테이블웨어가 너무 예뻐서 만족스러웠어요.

참고로 오사카 우메다에도 지점이 있어요. 고베에 가지 못하거나, 방문했는데 오사카에서 또 가고 싶다 하는 분들은 오사카점으로 방문해보세요.

니시무라의 상징, 고급스러운 세팅과 플레이팅

굿즈로도 판매하는 니시무라 컵에 나오는 블렌드 커피

손으로 집어먹기에 편한 사이즈의 후르츠 산도 딸기 샌드위치

니시무라의 역사와 전통이 느껴지는 외관 모습

럼06

Rhum06

Add	650-0011, Kobe, Chuo ward, Shimoyamatedori, 3 Chome-4-3 grand terrace kobe motomachi building 4F
Open	11:30~품절시 마감(인스타그램 공지)
Close	매달 변동(인스타그램 공지)

고베의 신상 카페! 요즘 2030 여성들에게 핫한 카페이자 글루텐 프리 전문점으로, 쌀가루로 만든 팬케이크를 판매해요. 한국도 그렇듯이 일본도 밀가루 대신 쌀가루를 이용한 빵과 디저트를 원하는 사람들이 더욱 많아지고 있는데, 비주얼까지 귀여워서 더욱 인기 있는 가게예요. 시즌 스페셜 메뉴도 있지만 저는 고정 메뉴 중에서 기본 버터 팬케이크와 흑임자&피스타치오 맛 두 가지를 주문했어요. 5단 팬케이크라 양이 많아 보이지만 실제로는 미니 사이즈를 5개 쌓아 올린 거라 딱 1인분 양이에요. 디저트용 파운드케이크도 포장 판매하며, 여름 시즌에는 아이스 디저트 메뉴도 판매한다고 해요.

두툼하게 올라간 버터가 취향 저격

흑임자 생크림이 듬뿍 올라간 팬케이크

쫀득함이 느껴지는 팬케이크 단면

귀여운 비주얼의 5단 팬케이크

⑤ 웨이팅 필수, 인기 No.1 베이커리

모토마치

베이커리 리키

Bakery Riki

Add	650-0023 Hyogo, Kobe, Chuo ward, Sakaemachidori, 2 Chome-7-4
Open	08:00~18:00
Close	화요일, 수요일

고베 모토마치에서 가장 핫한 빵집이라 하면 바로 여기일 거예요. 지나가는 사람들마다 쳐다볼 정도로 매일 웨이팅이 있는 곳으로, 인기 있을 수밖에 없는 빵 라인업과 그 맛에 무조건 추천하는 곳이에요. 프랑스 베이커리 전문이라 바게트, 크루아상, 페이스트리 등의 프랑스 빵이 유명한데, 이외에도 일본식 빵까지 다양해요. 저는 우선 피스타치오 맛은 다 골라 봤는데 고소한 피스타치오 원물 맛의 베이스로, 각각의 빵 식감이며 맛이 전부 다 만족스러웠어요. 빵도 골고루 인기 많아서 하나만 집어 시그니처라 하기 어려운데, 특히 밀크 프랑스, 하드빵, 샌드위치 계열이 유명해요. 빵 자체가 맛있는 곳이라 어떤 빵을 골라도 맛있을 거예요.

인기 데니시 라인과
일본식 빵 라인

인기 베스트 코르네 :
홋카이도산 크림 사용.
바삭바삭한 식감이 일품!

다양한 하드빵
계열의 코너

푸짐한 내용물의
샌드위치

⑥ **이색적인 티라미수 아포가토 맛집**

론드 슈크레
Rond sucre café

Add	2 Chome-4-15 Kaigandori, Chuo ward, Kobe, Hyogo 650-0024
Open	08:00~18:00
Close	화요일

고베는 프랑스 파리 콘셉트의 디저트를 판매하는 카페가 많은데, 그중에서도 현지인에게 인기 많은 대표 핫플레이스예요. 이곳의 시그니처 No.1은 바로 티라미수 스타일의 아포가토! 초코볼이 시트를 대신하고 큼지막하게 얹은 바닐라 아이스크림에 에스프레소를 부어 먹는 디저트인데, 맛있는 것은 물론 티라미수를 이런 식으로 풀어낼 수 있구나 하는 신선한 느낌도 받았어요. 크림브륄레 역시 비주얼부터 맛이 없을 수 없는 디저트인데 플레이팅마저 예쁘게 나와서 더욱 마음에 들었고요. 따뜻한 카페라테 역시 라테아트도 예쁘고 맛도 좋았어요! 2022년에 오픈한, 비교적 신상 카페라 고베에서 일본 전통 느낌의 킷사텐이 아닌 예쁜 카페를 찾고 있는 분들에게 추천해요!

론드 슈크레 매장에서만 먹을 수 있는 스페셜한 아포가토 !

맛있을 수밖에 없는 조합, 크림브륄레와 카페라테

론드 슈크레 매장 외관

도시아

dorsia, ドーシア

Add	3 Chome-1-29, Asahidori, Chuo ward, Kobe, Hyogo 651-0095
Open	08:00~21:00
Close	없음

고베에서 MZ 세대에게 가장 핫한 킷사텐이라 하면 바로 여기일 거예요. 복고풍 쇼와시대 스타일을 제대로 느낄 수 있는 레트로함과 현세대의 귀여움이 공존해 더 매력적인 곳이에요. 대표적인 킷사텐 음식들을 두루두루 판매하며 식사류가 더 유명하지만, 저는 크림소다 두 가지와 푸딩으로 간단한 디저트만 주문했어요. 저는 원래도 메론 소다보다 블루 소다를 더 좋아하는데 여기 크림소다가 정말 맛있었어요. 웃는 얼굴의 캐릭터가 이곳 트레이드 마크로 머그컵, 냅킨 등에 그려져 있는데, 이런 귀여운 요소들도 인상적이었어요. 팬층이 있을 정도로 인기도 많아서 여러 콜라보 굿즈도 판매하는데 간단하게 귀여운 아이템 쇼핑도 같이 즐기기 좋아요!

도시아 마스코트 간판과 콜라보 굿즈 인증샷!

일본 킷사텐의 대표 디저트 메뉴 푸딩

시그니처 크림소다! 메론 소다와 블루 소다

도시아 외관

그루비 베이커스
groovy bakers

Add	650-0024 Hyogo, Kobe, Chuo ward, Kaigandori, 4 Chome-4-3 1F
Open	12:00~18:00
Close	월요일, 화요일

오사카, 고베의 유명 디저트점에서 20년간 파티시에로 근무했던 경력의 사장님이 2019년에 오픈한 구움과자 디저트 전문점이에요! 빅토리아 케이크, 타르트, 스콘, 쿠키가 주력 메뉴로 도쿄의 유명 과자점인 선데이 베이크샵과 비슷한 스타일인데, 개인적으로 이런 스타일의 디저트 가게는 일본에서만 만날 수 있어 좋아해요. 우선 빅토리아 케이크, 피스타치오 베리 스퀘어, 넛츠 타르트 세 가지를 먹어보았는데, 바삭하고 고소한 타르트와 묵직한 빅토리아 케이크가 정말 취향 저격이었고 전부 다 맛있어서 재방문 리스트에 바로 추가했어요. 테이크아웃만 가능해서 호텔이나 공원에서 먹어야 하는 아쉬움도 있지만 우유, 커피와 함께 맛있는 디저트 타임을 즐겨보세요!

시그니처 빅토리아 케이크와 스퀘어 케이크

그루비 베이커스의 매장 외관

타르트와 파운드 케이크, 스콘까지 다양한 구움 디저트

빠네 호 마레타

pane ho maretta

Add	650-0011 Hyogo, Kobe, Chuo ward, Shimoyamatedori, 5 chome-1-1
Open	08:00~18:00
Close	월요일, 화요일

2017년에 개업하여 고베의 빵 맛집이라 하면 절대 빠지지 않는 곳으로, 고베 사람뿐만 아니라 일본 다른 지역에서도 찾아올 정도로 유명한 빵집이에요. 차별화된 콘셉트로 빵 진열부터 남다르고 종류도 정말 많아서 빵순이라면 눈 돌아가는 빵지순례지! 다만 네임택이 일본어 손글씨라 주문할 때 조금 알아보기 힘들 수 있어요.
아망드 크루아상, 카눌레, 크로크무슈 계열의 그라탱 토스트, 바게트가 주력 메뉴이며 그 외에도 소금빵, 스콘, 키쉬, 코르네 등이 골고루 인기 있어요. 저도 여러 가지를 골라 먹어봤는데 전체적으로 다 맛있었지만 그중 가장 인상 깊었던 건 홍차 아몬드 크루아상, 바질 크로크무슈, 마롱 바게트예요. 산노미야에 '피콜로 호 마레타piccolo Ho Maretta'라는 이름의 2호점도 있어요!

인기 최고! 피스타치오 앙버터와 홍차 아망드 크루아상, 다망드 고구마

수십 개의 어마어마한 빵 라인업

빠네 호 마레타 매장 외관 모습

시즌 한정 메뉴, 미니 마롱 크림 바게트

토미즈

トミーズ

Add	4-Chome-1 Kotonoocho, Chuo ward, Kobe, Hyogo 651-0094
Open	07:00~18:00
Close	없음

고베를 대표하는 오래된 베이커리 중 하나인 토미즈. 정말 다양한 빵을 판매하지만 그중 단연 대표 빵은 바로 팥앙금 식빵あん食! 2007년에 상표등록까지 한 이 집의 시그니처예요. 생크림 식빵에 홋카이도산 팥앙금을 넣어 총 무게가 약 1kg이나 되는 앙식빵은 선물용으로 몇 개 더 사오려다가 너무 무거워서 한 개밖에 못 산 기억이 나네요. 식빵은 그냥 먹어도 물론 맛있지만 토스트해서 먹는 레시피가 더 유명하더라고요. 저도 두 가지 방법으로 다 먹어봤는데 확실히 토스트한 빵이 더 풍미 짙게 느껴졌어요. 샌드위치와 추억의 옛날 빵 종류도 다양하게 판매하는데, 확실히 가장 추천하는 빵은 시그니처 앙식빵! 토미즈는 백화점에도 입점 되어 있고, 고베에만 4개 점포가 있어서 여행 일정에 가까운 지점으로 방문해보세요.

앙식빵, 말차 앙식빵 등 다양한 식빵 라인업

추억의 맛, 옛날 빵들이 가득

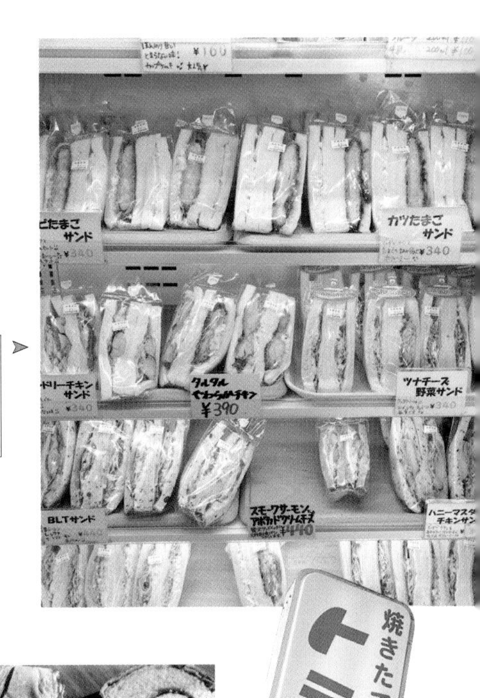

다양한 종류의 푸짐한 샌드위치들

홋카이도산 팥앙금이 들어 있는 토미즈 앙식빵

몽플류
Mont plus

Add	3 Chome-1-17 Kaigandori, Chuo ward, Kobe, Hyogo 650-0024
Open	10:00~18:00
Close	화요일, 수요일

몽플류는 고베를 대표하는 유명 파티스리 중 하나로 2005년에 개업해 고베 3대 디저트 카페라 불리고 있어요. 가게 이름을 번역하면 '하늘 높이 날아오르다'라는 뜻이에요. 이곳의 하야시 슈헤이 셰프는 일본과 프랑스에서 수많은 경력과 수상을 한 분으로 파티스리 경쟁이 치열한 고베에서도 알아주는 유명한 셰프님이라고 해요.
프랑스 정통 쁘띠 갸또와 구움과자, 젤라또를 판매하고 있는데 포장뿐 아니라 카페 이용 손님도 많아요. 케이크뿐만 아니라 구움과자 종류도 다양해서 선물용 디저트를 구매하려는 분들에게도 안성맞춤! 저는 피스타치오 갸또 두 가지만 포장했는데, 크기는 작지만 구성 요소 하나하나 세심한 부분까지 생각해서 만든 정말 훌륭한 디저트였어요. 3대 스위츠라는 명성을 인정할 수밖에 없는 곳이에요.

선물용으로 좋은 틴케이스 쿠키 상품

다채롭고 화려한 디저트 쇼케이스

미니 사이즈의 홀케이크도 판매 중

작가 추천: 피에몬, 몬테리마르

베이커리 바캉스
Bakery Vacances

Add	3 chome-4-15 Asahidori, Chuo ward, Kobe, Hyogo 651-0095
Open	08:00~19:00
Close	없음

고베의 많고 많은 빵지순례 맛집 가운데 저의 최애 빵집이라고 해야 할까요? 제일 맛있게 먹은 프랑스 베이커리를 꼽아보자면 바로 이곳입니다. 바게트와 밀크 프랑스 등 프랑스 빵 전문 베이커리로 하드빵이 주력인데, 일본 밀을 사용하고 앙버터, 소금빵, 허니 토스트, 샌드위치 등 일본 스타일로 잘 접목시켜 고베 현지 주민들에게도 맛집으로 인정받는 곳이에요. 특히 피스타치오 밀크 프랑스와 앙버터 계열의 빵들이 시그니처 빵으로 제일 유명해요. 저도 인기 빵들로 골라 먹어봤는데, 우선 가장 중요한 빵 자체의 식감과 퀄리티가 좋았고 들어가는 부재료도 푸짐한 데다가 내용물 본연의 맛도 진해서 맛있었어요. 무엇 하나 빠짐없이 100점을 주고 싶은 찐맛집이에요!

초코 가득! 초코 마니아를 위한 강력 추천 초코빵

인기 베스트이자 바캉스 시그니처, 앙버터 라인

반찬 계열의 핫 샌드위치 라인 빵들

고구마 앙금이 가득 들어 있는 고구마 앙버터빵

이모쿠리 파라브리키토탄

芋栗パーラーブリキトタン

Add	650-0023 Hyogo, Kobe, Chuo ward, Sakaemachidori, 1 Chome-3-18
Open	11:00~18:00
Close	없음

고베 대표 관광지, 차이나타운에 위치한 고구마와 밤 디저트 전문점! 저처럼 구황작물 디저트를 사랑하는 사람에게 꼭 추천하고 싶은 곳이에요. 특히 일본은 고구마와 밤에 진심인 만큼 정말 놀라울 정도로 다양한 고구마 디저트와 밤 디저트를 판매하고 있는데, 여기서는 가을 한정이 아닌 1년 내내 먹을 수 있다는 게 가장 큰 메리트예요. 저는 더운 여름에 방문했어서 밤 빙수와 고구마 빙수만 먹어봤어요. 일본의 빙수는 얼음 빙수인데 다양한 토핑과 크림소스로 우유 빙수의 아쉬움을 충분히 보완해주는 게 특징이에요. 이곳 역시 고구마랑 밤, 크림이 푸짐하게 들어 있어서 맛있게 먹었어요. 빙수뿐만 아니라 고구마 브륄레, 고구마 칩, 몽블랑, 소프트 아이스크림 등 메뉴도 다양해요.

밤 밀크 빙수

각종 구황작물 디저트로 가득 찬 매장

고구마 빙수

차이나타운 입구

페탈

petal

Add	650-0012 Hyogo, Kobe, Chuo Ward, Kitanagasadori, 5 Chome-8-5 2F
Open	월, 화, 금 12:00~20:00, 수 07:30~15:00, 토, 일 09:00~18:00
Close	목요일(비정기적 휴무)

고베에서 방문한 카페들 중 가장 기억에 남는 곳이에요. 원래 여기는 디저트만 보고 방문했는데 카페 공간도 기대한 것보다 훨씬 좋았어요. 커트러리와 도자기 컵 등 테이블웨어 마저 너무 귀여워서 전부 사고 싶다 생각했을 정도로 제 취향이었어요. 주문한 디저트는 밤 빅토리아 케이크와 당근 케이크, 즌다 아이스 쿠키 산도예요. 케이크와 라테 모두 만족스러운 디저트였고 난생처음 먹어본 즌다 아이스크림이 기대 이상으로 맛있어서 아이스 쿠키 샌드가 가장 인상 깊었어요. 사장님도 친절하셔서 그런지 편하게 얘기 나누는 단골 손님들이 많았는데 그래서 더 좋았던 카페예요. 참고로 이곳은 팝업도 자주 하고 시즌 디저트의 변동이 잦은 편이라 방문 전에 꼭 공식 계정을 참고해주세요!

묵직하고 진한 밤 빅토리아 케이크와 당근 케이크

책과 함께 디저트 즐기기 좋은 창가 자리

케이크, 쿠키, 스콘 등 다양한 디저트 종류

바삭한 쿠키에 두툼하게 샌드한 즌다 아이스크림

교토는 빵과 커피의 소비량이 일본 내 1위인 도시라고 알려져 있어요(일본총무성 통계국 2012~2014 가계 조사). 다른 설문조사에서는 교토인의 90%가 '조식빵주의자'라고 답했을 정도로 아침에 빵을 먹는 문화가 발달했고요. 그래서 교토는 카페 오픈 시간도 빠른 편으로, 아침형 인간에게는 최적의 도시라고 생각해요.

또 빵과 커피 외에도 버터, 우유의 세대당 평균 소비량 역시 일본 1위라고 하니 일본 빵 문화의 중심지라고 해도 손색이 없는 도시이죠. 심지어 교토는 일본의 옛 수도로서 전통을 중요하게 생각해 화과자, 킷사텐 같은 문화가 많이 보존, 유지되고 있어서 절대 빼놓을 수 없는 여행지예요.

Kyoto 3장
교토

킷사아가루

喫茶上ル

Add	260-2 Ichinocho, Shimogyo ward, Kyoto, 600-8018
Open	11:45~19:00
Close	목요일

다카세강이 흐르는 교토의 풍경을 바라보며 디저트를 즐길 수 있는 킷사텐. 좌식 테이블, 다다미 방으로 구성된 곳이라 혼자 조용하게 시간을 보내며 힐링하고 싶은 분들에게 특히 추천하고 싶은 카페예요. 샌드위치 메뉴도 일본 스타일이고 디저트 메뉴 역시 앙도라야키, 아이스 모나카, 푸딩 등 일본식 디저트만 취급하고 있어요. 커피도 맛있다고 유명해서 따뜻한 블렌드 커피를 주문해봤는데, 전체적인 양은 적은 편이나 세팅해서 내어준 플레이트가 아기자기한 소꿉놀이 같아서 좋았어요. 푸딩은 위에 두툼한 브륄레가 올라가서 깨 먹는 재미도 있고 바닐라빈이 잔뜩 들어 있어 달달함까지 완벽했어요. 모나카랑 도라야키도 소소하게 즐기기 좋은 디저트였고요. 무엇보다 공간이 주는 매력이 정말 큰 곳이라 교토 감성을 제대로 느끼고 싶은 분들은 꼭 방문해보세요!

우유, 말차 맛 아이스크림 중에서 선택할 수 있는 모나카

좌식 공간으로 휴식하기 좋은 카페 내부

각설탕과 프림을 같이 내어주는 커피와 디저트 플레이트

한적한 골목에 위치한 킷사아가루

데마치후타바

出町ふたば

Add	236 Seiryucho, Kamigyo ward, Kyoto, 602-0822
Open	08:30~17:30
Close	새해, 화요일, 수요일(비정기적 휴무)

무려 120년이 넘게 영업 중인 교토에서 가장 유명한 떡집! 일본 스타일의 떡을 제대로 맛볼 수 있는 정통 맛집으로 애니메이션 〈타마코 마켓〉의 배경지로도 유명한 이곳의 대표 메뉴는 나다이 마메모치라는 콩떡이에요. 떡은 무조건 당일 섭취를 권장하며, 저는 마메모치와 쿠리모치만 구매했어요. 마메모치는 검은콩과 단팥앙금이 들어간 떡이고, 쿠리모치는 밤과 단팥앙금이 들어간 떡이에요. 떡 자체가 정말 쫄깃쫄깃하고 팥앙금도 가득 들어 있는데, 확실히 콩 비중이 커서 건강하고 담백한 느낌이라 분명 호불호는 있을 거라 생각해요. 저는 평소에도 콩떡과 팥떡을 워낙 좋아해서 맛있게 먹었어요. 저처럼 이런 떡을 좋아하는 분이라면 조금 기다려서라도 여행 중에 한 번 방문해보기를 추천합니다!

데마치후타바의 시그니처, 나다이 마메모치

데마치후타바 매장 모습

팥앙금과 통밤이 듬뿍 들어 있는 쿠리모치

소량 구매라도 예쁜 포장지에 싸주는 모습

오가와 커피

Ogawa coffee

Add	519-1, Kikuyacho, Nakagyo ward, Kyoto 604-8127
Open	07:00~08:00
Close	없음

오가와 커피는 일본에 지점을 여러 개 갖고 있는 유명한 커피 브랜드예요. 현재 교토에만 8개의 지점이 있으며 제가 방문한 곳은 사카이마치니시키점이에요. 이곳은 모닝, 런치, 디저트 타임으로 나뉘어 메뉴를 각각 다르게 판매하고 있는데 지점마다 판매 메뉴가 다르니 꼭 참고 후 방문하세요!

저는 디저트 타임에 가서 몽블랑 커피 파르페와 계절 후르츠 산도를 주문했어요. 이름대로 후르츠 산도에 들어가는 과일은 계절에 맞게 변동되고, 몽블랑 커피 파르페는 전 시즌 고정 메뉴예요. 후르츠 산도는 일반적인 생크림이 아닌 버터크림에 자라메 설탕을 올린 구성이라 맛뿐만 아니라 비주얼에서부터 신선하고 새로운 매력을 주는 디저트였어요. 몽블랑 커피 파르페는 에스프레소를 따로 내주는데, 각 구성의 맛과 조합이 마음에 들었고, 제가 먹어본 몽블랑 파르페 중에서 가장 맛있었어요. 커피로 유명한 곳인 만큼 역시 라테아트도 수준급이었고요.

알찬 구성, 완벽한 맛의 몽블랑 커피 파르페

진한 에스프레소 맛을 느낄 수 있는 PERFETTO 커피

마지막 한입까지 라테아트가 남아 있는 수준 높은 카페라테

오가와 커피의 특별한 후르츠 산도

플립 업

flip up

Add	604-0021 Kyoto, Nakagyo ward, Takoyakushicho,292-2
Open	07:00~18:00, 일요일 07:00~16:00
Close	월요일

교토에서 아침에 맛있는 베이글을 먹고 싶다면 꼭 저장하세요! 7시 오픈 전부터 웨이팅이 있을 정도로 현지에서 인기 많은 빵집이에요. 주력 메뉴는 베이글이고, 식사빵을 전문으로 판매하는데 베이글부터 샌드위치, 식빵, 바게트 등 종류가 정말 다양해요. 매장은 5명 정도밖에 못 들어갈 정도로 작은 규모라서 빵을 고를 때 좁아서 붐비더라고요. 미리 어느 정도 살 것을 생각해놓고서 방문하는 게 좋아요! 다양한 베이글 중에서 키나코쿠로마메 きなこ黒豆 맛은 할매 입맛이 딱 좋아할 만한 담백한 맛이에요. 또 다른 인기 메뉴 초코 베이글이랑 베이글 샌드위치도 먹으러 다시 방문하고 싶어요. 만약 아무거나 먹어봐도 상관없다 하는 분이라면 점심 시간대에 방문해서 편하게 구매하세요.

베이글 피자 두 종류
: 무화과
햄&치킨 양파 허브맛

베이글 샌드위치와 식빵 샌드위치, 우유도 판매 중!

공원에서 음료와 함께 빵크닉도 추천!

할매 입맛을 위한 추천! 검은깨&고구마빵

슬로
Slo

Add	707-2 Uematsucho, Shimogyo ward, kyoto, 600-8028
Open	수~금 10:00~16:00, 목, 토, 일 09:00~16:00
Close	월요일, 화요일

이곳도 오픈 시간 전부터 웨이팅하는 현지 핫플이에요. 매장엔 2명씩만 입장 가능하고 시선을 확 끄는 큰 쇼케이스와 주문하는 공간이 전부인 작은 빵집이에요. 사장님은 10년간 다른 곳에서 경력을 쌓은 뒤 자신의 빵집을 차렸다고 해요.
골고루 먹어보자 해서 앙버터 스콘, 아몬드 크루아상, 아몬드 플로랑탱 타르트, 감자빵을 골랐는데 다 너무 맛있었어요. 각각의 빵이 가진 특성과 매력을 잘 살려서 "정말 잘 만들었다"라는 말이 나오는 곳이에요. 빵도 맛있고 위치까지 좋아서 추천할 수밖에 없는 곳!
참고로 준비가 빨리 되면 영업시간보다 빠르게 오픈한다고 해요. 테이크아웃점이라 따로 먹을 공간은 없어서, 근처 가모강 앞에서 피크닉하듯 즐기는 걸 추천해요!

슬로 빵집의 마스코트, 큰 사이즈의 쇼케이스

작가 추천: 아몬드 크루아상, 앙버터 스콘, 감자빵, 플로랑탱 타르트

직원 추천! 감자빵과 소금빵

냉장 쇼케이스 속 앙버터와 크림빵은 직접 꺼내오면 돼요!

브륄레 교토

Brulee Kyoto

Add	69 Kamikawaracho, Nakagyo ward, Kyoto, 604-8374
Open	10:00~17:30
Close	없음

교토 산조상점가에 위치한 브륄레 교토! 이곳의 명물은 바로 크림브륄레 도넛인데요, 한국에서도 흔히 볼 수 있는 디저트이지만 크림브륄레 좋아하는 분들에게 꼭 추천하고 싶은 맛집이에요. 주문 브륄레를 눈앞에서 만들어줘서 보는 재미도 있고, 또 따끈따끈한 도넛을 먹을 수 있다는 점이 큰 플러스 요인이에요. 주문할 때, 포장할지 바로 먹을지 물어보는데 사장님의 추천은 후자, 저도 무조건 바로 먹는 걸 추천해요. 갓 만들었으니 당연히 맛있죠! 한국에서 먹은 크림브륄레 도넛은 이스트 도넛으로 만드는 게 대부분인데, 여긴 케이크 도넛 스타일이고 핫 크림브륄레라는 점이 아주 매력적이에요. 브륄레 자체도 잘 만들어져서 전체적으로 식감도 좋고 속에 든 커스터드 크림도 맛있었어요. 아는 맛이라 생각하고 먹은 건데 기대 이상으로 맛있다니 말 다했죠!

상점가 안에 위치한 브륄레 교토 매장

주문 즉시 눈앞에서 만들어주는 브륄레 도넛

따끈따끈한 브륄레 속에는 커스터드 크림이 듬뿍!

⑦ **교토를 대표하는 전통 블랑제리**

이마데가와

르 프티 메크

le petit mec

1호점 • 이마데가와점

Add	159 Motokitakojicho, Kamigyo Ward, Kyoto, 602-8448
Open	08:00~18:00
Close	없음

교토에서 시작된 프랑스 베이커리로 현재는 도쿄, 오사카까지 총 10개의 지점을 두고 있는 교토를 대표하는 베이커리예요. 특히 이마데가와점이 현지에서도 가장 인기 있는데 프랑스 콘셉트에 맞게 내부 인테리어와 외관도 예쁘고, 카페 이용을 할 수 있다는 점에서 교토의 다른 지점과도 차별화가 되어 있어요. 시그니처 빵은 역시 크루아상과 바게트 라인이며 전체적으로 바삭한 식감이었어요. 또 이마데가와점은 런치 타임 한정의 식사 메뉴가 있으니 궁금한 분들은 시간에 맞춰 방문해보세요!

르 프티 메크의 오랜 전통을 보여주는 인테리어와 구움 디저트

No.1 크루아상과 아몬드&홍차 크루아상

시즌 메뉴, 가장 맛있었던 마롱 데니시

2호점 • 오마케점

Add	418-1 Ikesucho, Nakaygyo Ward, Kyoto, 604-8216
Open	09:00~18:00
Close	없음

교토에 여러 지점 중 오마케점도 방문해봤어요. 여긴 테이크아웃 전문점으로 이마데가와점에는 없는 산도 계열의 종류를 판매해요. 타마고 산도, 야키소바빵, 바닐라 크림빵이 인기 메뉴인데요! 저는 타마고 산도만 먹어봤는데 정말 맛있어서 다음에 크림빵도 먹으러 가보려고요. 이마데가와점에서 판매하던 에코백이 있어서 기념품으로 같이 구매해봤어요.

오마케점 한정의 샌드위치와 크림빵 메뉴들

타마고 산도와 르 프티 메크 에코백

르 프티 메크 오마케점

3호점 • 한신우메다점

Add	530-8224 Osaka, Kita ward, Umeda, 1 Chome-13-13 Hanshin Bar By-street B2F
Open	08:00~22:00
Close	없음

오사카에도 딱 한 곳! 한신우메다점이 있어요. 베이커리도 교토 매장과 웬만큼 비슷한 라인업이고 수프, 샐러드, 세트 메뉴 등 식사를 위한 구성이 잘 갖춰져 있었어요. 몰 안에 있어서 매일 아침부터 밤까지 영업하는 점도 좋고 먹고 갈 카페 공간도 마련돼 있어서 교토에 가지 못한 분들, 혹은 저처럼 교토에서 먹어봤지만 또 먹고 싶은 분들은 오사카 우메다점으로 방문해보세요!

교토점과 비슷하게 다양한 베이커리 라인업

르 프티 메크
오사카 한신우메다점

우메다점 한정의
달걀 샌드위치

⑧ 포근한 케이크 도넛의 정석

루즈 교토
LOOSE KYOTO

Add	4 chome-163-6 Kiyomizu, Higashiyama ward, Kyoto, 605-0862
Open	09:00~18:00
Close	없음

청수사 가는 길목, 산넨자카에 위치한 루즈 교토는 케이크 도넛을 전문으로 판매하는 카페예요. 겉은 바삭하고 속은 묵직 촉촉한 식감이 특징인데, 도넛을 매장에서 계속 튀기기 때문에 타이밍이 맞으면 갓 나온 도넛으로 받아 더 맛있게 즐길 수 있어요. 저는 케이크 도넛을 정말 좋아하는데 특히 갓 튀긴 도넛은 기본 맛이 베스트라 생각해요. 따끈따끈하게 갓 나온 플레인 도넛이 있다면 하나쯤은 꼭 먹어봤으면 좋겠어요. 시즌 몽블랑 도넛, 호지차 라테도 각각의 맛이 진해서 정말 맛있었어요! 또 자매점으로 '후 교토hoo kyoto'라는 또 다른 도넛집을 운영 중인데, 여기는 이스트 도넛을 전문으로 판매하는 카페예요. 비슷한 콘셉트로 다른 도넛을 취급하는 곳이니 취향에 맞는 곳으로 방문해보세요. 두 지점 다 방문해 비교해보는 것도 재밌을 것 같네요!

매장에서 계속해서 튀겨주는 도넛

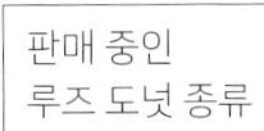

판매 중인 루즈 도넛 종류

꼼꼼하게 싸주는 도넛 개별 포장

겉바속촉 케이크 도넛을 제대로 느낄 수 있는 플레인 맛

⑨ 교토 라테 맛집, 공간도 맛집

오카자키

카페 닷츠

café Dot.S

Add	20-1 Okazaki, Minamigoshocho, Sakyo ward, Kyoto, 606-8334
Open	09:00~18:00
Close	없음

교토동물원과 헤이안 신궁 근처에 위치한 닷츠는 제가 교토에서 마신 카페라테 중 베스트로 손꼽는 곳이에요. 아름다운 일본식 정원이 있는 주택 같은 외관에, 널찍한 통창으로 바깥 풍경이 훤히 보이는 내부도 좋고, 와이파이와 콘센트를 이용할 수 있다는 점까지 좋아요. 저는 라테만 아이스, 핫 두 가지를 다 마셔봤는데 라테아트도 예쁘고 맛도 훌륭해요. 디저트는 빅토리아 케이크와 도라야키를 주문했는데 개인적으로 비주얼이 독특한 앙버터 도라야키가 더 인상 깊었어요! 디저트뿐만 아니라 샌드위치 메뉴도 있어서 식사하기에도 괜찮아요. 추가로 이곳은 카페 안쪽에 벤츠를 전시해둔 공간이 있어서 차에 관심이 많은 분들은 또 다른 소소한 재미를 느낄 수 있을 거예요!

시그니처 디저트
빅토리아 케이크
외 다양한
디저트 판매 중!

흔하지 않은 디자인이라
더욱 매력적인 닷츠의
앙버터 도라야키

카페 닷츠의 명당 자리.
시그니처 메인 스폿!

바깥 풍경과 함께
즐기는 핫 카페라테

⑩ **따스한 감성 가득한 수제 과자점**

가미교구

오하요 비스킷
ohayo biscuit

Add	96 Aburahashizumecho, Kamigyo ward, Kyoto, 602-0923
Open	11:00~18:00
Close	월요일, 화요일, 수요일

교토교엔 근처에 위치한 아담한 수제 디저트 전문점으로, 매장의 따스한 감성이 좋았던 카페예요. 시즌 한정의 케이크도 물론 인기 있지만 여기는 당근 케이크가 대표 디저트예요. 저는 가을 한정 메뉴인 고구마 치즈케이크, 밤 파이, 밤 갸또 바스크와 당근 케이크로 골라봤어요. 이 중 베스트를 꼽자면 밤 파이랑 갸또 바스크! 당근 케이크는 촉촉한 빵 같은 식감에 흔하지 않은 비주얼이라 색다른 매력도 있고 토핑으로 올라간 크럼블이 특히 좋았어요. 카페는 혼자 방문하기에 딱 좋은 분위기로 우드 톤의 인테리어가 마음에 들었고 사장님도 친절하셔서 더 기억에 남네요. 저는 쿠키를 포장해왔는데 너무 맛있었어요. 구움과자 종류도 다양하고 낱개 포장으로 판매되고 있어서 선물용으로도 추천해요!

쿠키, 휘낭시에, 파운드케이크 등 다양한 구움과자 디저트

오하요 비스킷 외관

통밤이 쏙 들어 있는 바삭한 밤 파이

오하요 비스킷 케이크 쇼케이스

호프베커라이 에데거탁스

Hofbackerei Edegger-Tax

Add	3-2 Okazaki Seishojicho, Sakyo ward, Kyoto 606-8343
Open	10:00~18:00
Close	수요일, 목요일

이곳은 실제 오스트리아에서 1569년에 개업한 베이커리의 교토 지점이에요. 1888년에 명문가인 합스부르크가에 납품을 시작해 유명해져서 여행객 사이에서 궁정 베이커리라고 불린 곳으로, 원래 2015년 도쿄에서 먼저 오픈했지만 경영상 문제로 폐점하고 2017년 교토에 재오픈했어요. 교토 지점은 오스트리아 본점의 8번째 주인 로베르토 에데가에게 직접 배워 만든 레시피로 빵을 만든다고 해요.
현재 교토에서 정말 핫한 카페라 웨이팅 필수에 오후에 가면 빵이 없는 곳으로 유명해요. 판매하는 빵과 디저트 종류도 다양하고 샌드위치 메뉴까지 골고루 인기 많은 가운데 몽블랑, 크루아상, 로렌을 먹어봤어요. 여기서 가장 추천하는 건 몽블랑! 가격도 한국보다 저렴한데 맛은 진하고 알차서 맛있었어요.

식사용
샌드위치 메뉴

작가 추천:
몽블랑 케이크,
시그니처
크루아상, 로렌

다양한 베이커리 제품들

디저트 라인
케이크
종류도 다양!

⑫ **다양한 타이야키를 맛볼 수 있는** 니조

교앙카시다루마

京餡菓子だるま

Add	1-4 Nishinokyo Nanseicho, Nakagyo ward, Kyoto 604-8412
Open	11:00~19:00
Close	화요일(비정기적 휴무 인스타그램에 공지)

일본 여행에서 빠질 수 없는 간식, 타이야키! 교토에서 특별하고 맛있는 타이야키를 먹고 싶다면 여기로 가면 돼요. 한국의 붕어빵 가게와 비슷하게 이곳도 단팥, 커스터드 크림, 고구마 맛이 고정 메뉴로 있어요. 여기에 계절 한정 메뉴로 밤 맛 타이야키를 판매하고 있어서 골고루 먹어봤어요. 팥이랑 커스터드 크림은 당연히 맛있었고요, 고구마와 밤은 내용물이 가득 차 있고 맛도 진해서 제일 맛있게 먹었어요. 특히 시즌 메뉴인 밤 맛은 한국에서도 흔히 볼 수 없어서 더욱 추천해요! 또 다른 명물이라는 이노메모치는 팥앙금이 들어간 떡을 눌러 구운 건데, 홋카이도산 팥앙금을 사용한다고 해요. 달달하면서 쫄깃쫄깃해서 이것도 역시 맛있었어요. 타이야키도 이노메모치도 갓 구워주니까 꼭 따끈따끈할 때 바로 드세요!

깨알 작가 추천! 맛있는 커피우유

달달한 고구마 앙금이 가득 차 있는 타이야키!

타이야키 속 꽉 차 있는 앙금들

다루마의 매장 및 메뉴판

작가 추천: 단팥, 커스터드, 고구마, 밤
あずき、カスタード、焼きいも、栗
그리고 이노메모치猪ノ目餅

아부리모치 카자리야
あぶり餅かざりや

Add	96 Murasakino imamiyacho, Kita ward, Kyoto 603-8243
Open	10:00~17:00
Close	수요일(비정기적 휴무)

교토에서만 맛볼 수 있는 아부리모치는 숯불에 구운 떡을 달달한 된장소스에 버무려 먹는 교토 전통의 떡이에요. 카자리야는 1637년에 창업한 곳으로 400년 넘는 전통을 이어가고 있는 대표적인 아부리모치 맛집이에요. 드라마에도 자주 나오는 관광지 이마미야신사 바로 앞에 위치해 있어 신사에 들른 후에 꼭 방문하는 코스로도 유명해요.
짭짤한 된장 맛보다는 연유같이 달달한 맛이 훨씬 강하고, 떡은 숯불에 구워 고소하고 담백해 인절미와 비슷했어요. 미타라시 당고와 전혀 다른 맛이라 당고를 안 좋아한다 해도 아부리모치는 좋아할 수도 있겠다 생각이 들었어요. 제가 주문한 1인분 상차림에는 녹차를 주전자 통째로 같이 내어주었는데, 따뜻한 녹차와 떡을 같이 먹는 궁합이 정말 좋았어요. 기대 이상으로 맛있고 좋았던 곳이라 앞으로 교토를 여행할 때마다 꼭 들르려고 해요.

직접 숯불에 굽는 방식의 아부리모치

주문 후, 우선 내어주는 따뜻한 녹차

전통이 느껴지는 카자리야 매장의 모습

한입에 쏙 넣기 좋은 크기로 나오는 아부리모치

히츠지 도넛

ひつじドーナツ

Add	604-0092 Kyoto, Nakagyo ward, Oicho,355-1
Open	11:30~18:00
Close	일요일, 월요일, 화요일, 수요일

목, 금, 토 딱 3일만 운영하는 도넛 전문점으로 교토에서 가장 유명한 디저트 맛집 중 한 곳이에요. 제가 방문했을 때는 10시에 정리권을 배부하고 그때 받은 시간대에 가서 구매하는 방식이었어요. 도넛은 1인당 5개까지 수량 제한이 있는데 도넛 외 스콘, 쿠키, 식빵 등 다른 제품은 정리권 없이도 현장 대기 후 구매가 가능해요.

도넛은 계속해서 튀겨내어 판매하는데, 제가 먹어본 도넛 중에서 최고로 쫄깃한 수준이었고, 고른 도넛들 전부 맛있었어요. 기다림에도 유명한 이유가 바로 납득되는 맛이랄까요? 도넛도 골고루 인기 있을 만큼 맛의 보장이 되는 곳이라 각자의 취향대로 고르면 될 것 같아요. 쫄깃한 도넛을 좋아한다면 교토에서 꼭 방문해보세요!

영어로도
표기된 도넛
이름과 간단
설명

크림 필링이
가득 들어
있는 도넛들

아이스 홍차와
초코 도넛

⑮ **믿기지 않는 비건 샌드위치** 산조

토리바 커피 교토

TORIBA Coffee Kyoto

Add	226 Nanbacho, Sakyo ward, Kyoto, 606-8374
Open	11:00~21:00
Close	화요일

핸드드립 커피와 비건 샌드위치를 전문으로 판매하는 카페로, 샌드위치 종류 포함 모든 음식은 식물성 기반이에요. 타마고 산도는 메뉴판에도 '달걀 샌드위치 같은 샌드위치'라고 쓰여 있는데, 말 그대로 달걀은 들어가지 않았지만 달걀 샐러드 맛이 나서 너무 신기했어요. 특히 비건 가츠 샌드위치는 누구나 좋아할 것 같은 맛으로 정말 맛있게 먹었어요! 둘 다 비건이라고 말하지 않으면 정말 모를 정도라 비건이 아닌 분들에게도 추천할 수 있는 맛집이에요. 오이 샌드위치도 이곳의 시그니처 메뉴인데, 취향에 맞게 좋아하는 맛의 샌드위치로 주문해보세요. 커피는 가장 대표적인 원두로 골랐는데 커피잔도 예쁘고 맛도 깔끔하고 좋았어요. 가게의 인테리어와 공간도 멋진 요소들이 많아 구경하는 재미도 있는 곳이에요.

작가 추천!
두툼하고
푸짐한 비건
가츠 샌드위치

비건 에그 샌드위치
たまごサンドようなサンドイッチ

커피 자부심이
느껴지는 각종
원두와 커피 도구
및 굿즈 판매용품

교토 감성이
제대로 느껴지는
토리바 커피
교토점의 외관

이티알에이
ETRA

Add	19-2 Shogoin Rengezocho Sakyo ward, Kyoto, 606-8357
Open	화요일 12:00~20:00, 수요일 12:00~17:00, 금요일 10:00~17:00, 토요일 09:30~20:00, 일요일 09:30~17:30
Close	월요일, 목요일

프랑스에서 5년간 일했던 셰프님이 오픈한 프렌치 레스토랑 겸 파티스리 가게로, 교토에서 특별한 프랑스 디저트를 만날 수 있는 곳이에요. 시그니처 프렌치토스트는 자라메 설탕을 사용한 게 포인트인데, 겉은 바삭하고 속은 살살 녹는 식감이 완벽해요. 곁들임 토핑까지 맛과 식감의 조화가 좋았어요. 디저트 라인에서는 슈게트와 피넛 모나카를 주문했어요. 피넛 모나카는 시즌 디저트로, 가을 시즌에 맞게 단풍을 표현한 듯한 느낌을 받았어요. 맛과 멋 둘 다 섬세하게 신경 쓰신 게 느껴졌던 디저트예요. 슈게트는 같이 나오는 생크림과 캐러멜에 찍어 먹는 구성으로, 따뜻하게 바로 구워낸 후에 주시기 때문에 더욱 맛있었어요. 또 생크림 속에 바닐라 커스터드 크림까지 들어 있어서 또 한 번 놀랐던 메뉴예요. 프렌치토스트는 물론이고 디저트까지, 한국에선 잘 쓰이지 않는 자라메 설탕을 포인트로 활용하여 색다른 미식 경험을 할 수 있는 맛집이에요.

촉촉한 프렌치토스트와 자라메 설탕 식감의 조화가 일품!

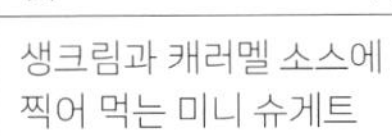

생크림과 캐러멜 소스에 찍어 먹는 미니 슈게트

카눌레와 파운드케이크 등 구움과자 라인

단풍과 낙엽을 표현한 피넛 모나카

⑰ **치즈빵? 크림빵? 아니 삼각빵!**

교토역

카타빵야
カタパン屋

Add	12-2 Higashikujo, Higashiiwamotocho, Minami ward, Kyoto, 601-8006
Open	10:00~16:00
Close	일요일(비정기적 휴무)

아무리 봐도 크림빵 혹은 치즈빵 같지만, 놀랍게도 이 빵 내용물의 정체는 바로 생반죽이에요. 저도 이 사실에 너무 놀랐는데 오히려 맛이 더 궁금해져서 꼭 먹어봐야겠다 마음먹었어요. 착한 가격으로 단 세 가지의 빵만 판매하는데, 빵 이름을 모양 그대로 지은 게 귀여운 포인트예요. 기본인 동그란 마루빵, 매우 딱딱한 과자 같은 카타빵, 제가 고른 베스트 인기 메뉴 삼각빵까지. 삼각빵은 딱 핫케이크 믹스 맛이랄까요? 굉장히 익숙한 추억의 맛인데 형태랑 식감이 더 업그레이드된 버전 같아요. 겉은 바삭하게 구웠는데 속은 어떻게 레어한 질감을 유지하며 만드는 건지, 완전 이색 별미! 참고로 이곳은 매년 여름(6~9월)에 장기 휴무를 한다고 하니 더운 여름 기간은 피해서 방문 계획을 잡아보세요!

카타빵야 매장 입구

주문 즉시 철판에서 구워 주는 삼각빵

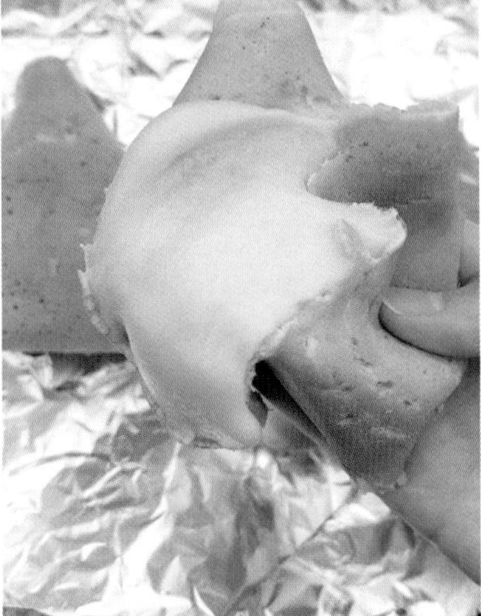

치즈처럼 쭉 늘어나는 생반죽

콜로라도 마스산

Colorado masusan

Add	40 Oshiboricho, Nakagyo ward, Kyoto, 604-0054
Open	07:00~18:00
Close	목요일

1973년에 개업한 킷사텐. 오랫동안 동네 주민분들에게 사랑받는 곳으로 관광지 니조성 근처라 외국인에게도 인기 많은 맛집이에요. 가게 외관에서부터 예스러운 분위기가 느껴지는데 내부는 복고풍의 인테리어로 생각보다 넓었어요. 또 이곳은 매장에서 빵을 직접 생산해서 베이커리 코너도 운영하고 있으며 테이크아웃만 가능하다고 해요. 만든 빵은 샌드위치와 토스트 메뉴에 쓰이고 있어요. 사이폰 커피를 취급하는 곳이라 하우스 블렌드 커피인 마스산 블렌드를 주문했는데, 깔끔한 맛으로 많이 진하거나 쓰지 않아서 좋았어요. 타마고 산도는 토스트한 식빵에 담백하고 두툼한 달걀말이가 샌드된 스타일로, 양도 정말 푸짐한데 미니 샐러드도 같이 추가해서 먹었더니 더 알차고 좋더라고요!

사이폰으로 내려준 마스산 블렌드 커피

일본 킷사텐 느낌이 가득한 마스산 건물 외관

매장에서 직접 생산하는 베이커리

단순하고 담백한 맛의 타마고 산도

아치 커피 앤 와인

Archi coffee and wine

Add	65-21 Mibutakahicho, Nakagyo ward, Kyoto, 604-8824
Open	09:00~18:00, 금, 토, 일 09:00~22:00
Close	없음(비정기적 휴무 인스타그램에 공지)

오래된 고민가를 리노베이션한 카페로 교토스러운 분위기를 잔뜩 느낄 수 있어요. 이곳의 베스트 메뉴인 프렌치토스트와 푸딩을 주문했는데 식감과 맛 전부 제 취향이었어요. 프렌치토스트는 겉바속촉 스타일로, 바닐라빈도 듬뿍 들어 있어서 비주얼로 보여지는 것보다 훨씬 더 맛있었어요. 또 금~일요일은 22시까지 와인 영업을 따로 하는데 확실히 생햄과 크림치즈 조합이 와인이랑 같이 먹기에도 좋겠다고 느껴지더라고요. 푸딩도 묵직한 스타일에 맛도 진해서 맛있었어요. 이곳 케이크 메뉴들도 인기가 많아서 다음엔 케이크를 먹으러 방문해보려고요! 참고로, 안쪽의 다다미방은 인기 자리라 이용 제한이 있어서 혹 다다미방을 이용하고 싶은 분은 안내 사항을 참고한 후 방문하면 더 좋을 것 같아요!

생햄, 크림치즈를 곁들여 먹는 프렌치토스트

그 외 판매 중인 다양한 케이크

일본에서만 볼 수 있는 고민가 카페의 외관

인기 자리인 매장 안쪽의 다다미 방

진한 소스와 단단 묵직한 스타일의 푸딩

카페 아마존

Café amazon

Add	235 Shimohorizumecho, Higashiyama ward, Kyoto, 605-0992
Open	07:30~15:00
Close	없음(비정기적 휴무)

킷사텐과 샌드위치를 사랑하는 사람으로서 정말 오래전부터 가고 싶었던 카페 아마존. 이곳은 무려 1972년에 개업해서 50년 넘게 운영하고 있어요. 긴 운영 기간만큼 관광객뿐만 아니라 현지인들도 많이 찾는 동네 사랑방 같은 곳이에요. 다양한 식사 메뉴 중, 대표적인 타마고 산도와 에비 카츠 샌드위치는 따끈따끈하게 바로 만들어주는데 양도 푸짐하고 뭐 하나 빠짐없이 그냥 너무 맛있었어요. 친근한 사이드 감자튀김도 좋았고요! 저는 블렌드 커피를 주문할 때 우유를 꼭 같이 추가해서 반은 커피 자체로 즐기고, 나머지 반에 우유를 넣어 마셔요. 일본에서만 즐길 수 있는 문화이니 여러분도 여행 중 한 번쯤 시도해보세요. 1층에서 아마존 굿즈도 판매 중인데 귀여운 상품이 많더라고요. 기념품이나 선물 구매하기에도 좋아요.

새우튀김이 푸짐하게 들어 있는 에비 카츠 샌드위치

블렌드 커피에 우유를 추가해 먹는 킷사텐 문화 즐기기

카페 아마존 매장 1층 입구

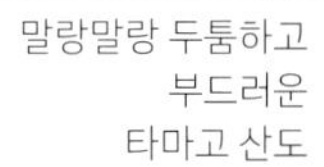

말랑말랑 두툼하고 부드러운 타마고 산도

커피숍 야마모토
coffee shop yamamoto

Add	9-7 Sagatenryuji Setogawacho, Ukyo ward, Kyoto 616-8376
Open	07:00~18:00
Close	목요일

교토 대표 관광 지역인 아라시야마에서 가장 유명한 킷사텐, 야마모토 커피숍이에요. 관광객에게 유명한 곳이라지만 사실 현지에서의 인기도 엄청난 곳이에요. 제가 방문했을 때에도 현지인이 더 많았답니다. 저는 다행히 바로 입장 가능했지만 보통은 웨이팅이 필수예요.
가츠 산도와 프렌치토스트도 시그니처 메뉴이지만, 저는 여기서만 먹을 수 있는 후르츠 산도를 주문했어요. 푸짐하고 귀여운 비주얼이 완전 취향 저격! 후르츠 산도에 들어가는 과일은 계절에 맞게 바뀌는데, 식빵이 정말 부드럽고 촉촉한 데다 크림도 느끼하지 않아서 맛있었어요. 블렌드 커피도 깔끔했고 커피잔마저 예뻐서 더 좋았어요. 커피 젤리도 인기 디저트인데 판매 시즌에 방문하는 분들은 함께 즐겨보세요!

야마모토의 귀여운
디저트 모형 쇼케이스

시그니처 디저트 메뉴 후르츠 산도!

블렌드 커피를
한층 더 빛내주는
예쁜 커피잔

니조

코네루야

coneruya

Add	71-2 Jurakumawari Nishimachi, Nakagyo ward, Kyoto 604-8402
Open	08:00~19:00
Close	없음(비정기적 휴무)

2006년에 오픈한 교토 유명 빵지순례지! 매장 바로 옆에 무인 구매 빵자판기까지 설치했을 정도로 동네 주민들이 애용하는 빵집이에요. 오픈 시간 맞춰서 방문했는데 벌써 다양한 빵이 나와 있었어요. 식사빵 샌드위치부터 디저트 계열의 빵까지 종류가 정말 많았는데 그중에서도 단연 이곳의 시그니처인 피스타치오 크림 크루아상과 인기 소금빵을 여러 개 구매했어요. 크기는 살짝 작은 편이지만 그만큼 가격도 저렴해요. 소금빵이 마침 갓 나와서 따뜻할 때 바로 먹었는데 정말 맛있었어요. 이제는 한국에도 많아진 피스타치오 크림빵이지만 바삭한 크루아상과 진한 피스타치오 크림의 맛은 최고! 피스타치오 덕후라면 꼭 방문해보세요!

가성비 최고! 푸짐한 샌드위치와 인기 소금빵 등 다양한 라인업

작가 취향의 빵들로만 가득 담은 트레이

초록색 상징의 코네루야 빵집

겉은 바삭하고 속은 쫄깃! 갓 나온 소금빵은 역시 최고

오사카 여행에서 선물용 기념품,
오미야게로 추천하는 브랜드 3곳
선별하여 소개합니다. 돈키호테,
편의점, 마트 등에도 좋은 상품이
많지만 더 특별한 선물을 고민하는
분들을 위해 '맛'이 보장되는 곳들로
골랐어요.

물론 오사카뿐 아니라 교토, 후쿠오카,
도쿄 등 다른 도시 여행 중에도
또 만날 수 있답니다. 정말 맛있게
먹어서 매번 여행 다녀올 때마다 제
것과 지인 선물용까지 구매해오고,
주위에 늘 추천하는 곳들이라
이참에 책에서 소개해보는 게
어떨까 싶어서 기획한 파트예요.
오사카 여행 기념 디저트 선물로
무엇을 사 갈지 고민 중인 분들에게
딱 안성맞춤!

Souvenir

4장

오미야게

에쉬레 마르쉐 오 뵈르

Echire marche au beurre

Add	530-0017 Osaka, Kita ward, Kakudacho, 8-7 Hankyu Department 2F
Open	10:00~20:00
Close	없음

한국에서도 너무나 유명한 에쉬레! 저도 정말 좋아하는 브랜드라 일본 여행 갈 때마다 꼭 사 오곤 하는데요, 일본에는 도쿄, 오사카, 나고야에 지점이 있고 각 매장별로 다른 한정 메뉴를 판매하고 있어요. 오사카 우메다 한큐백화점 매장의 한정 메뉴는 오믈렛과 팔미에, 그리고 버터 슈인데요, 팔미에와 오믈렛은 미리 인터넷에서 예약 구매해야 하고, 버터 슈는 현장 구매 가능해요.
오리지널, 피스타치오 두 가지 맛이고, 피스타치오 맛은 화~토요일만 판매하는 요일 한정 메뉴라 방문 전 확인 필수예요! 에쉬레의 슈는 생크림 슈가 아니라서 호불호가 있을 수 있는데, 에쉬레 버터를 좋아하는 분이라면 추천드려요.
제가 에쉬레에서 가장 좋아하는 디저트는 한정 메뉴가 아닌, 어디서도 구매 가능한 갈레트 쿠키예요. 한때 갈레트 쿠키로만 구성된 틴케이스 제품을 많이 사 먹었는데 틴케이스는 캐리어에 넣어도 망가지지 않고 케이스도 예뻐서 선물하기에도 정말 좋아요!

우메다점의 갈레트 쿠키와 틴케이스 쿠키 상품 및 구움과자 디저트 라인

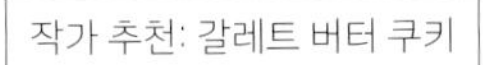

작가 추천: 갈레트 버터 쿠키

피스타치오 버터 슈와 오리지널 버터 슈

이모야킨지로

②

Imoya kinjiro

Add	530-0011 Osaka, Kita Ward, Ofukacho, 4-1, Umekita plaza B1F
Open	10:00~21:00
Close	없음

고구마 덕후라면 꼭 방문해야 할 고구마 디저트 전문점이에요. 후쿠오카 여행 갔을 때, 텐진 지하상가에서 튀긴 고구마 스틱인 이모켄삐芋けんぴ를 너무 맛있게 먹어서 오사카에도 있는지 찾아봤는데 우메다에 딱 있더라고요. 그 이후로 제 것과 선물용까지 꼭 사 오는 곳이에요. "한 번도 안 먹은 사람은 있어도 한 번만 먹은 사람은 없다"라는 말이 딱 맞는 디저트!
유통형으로 개별 포장된 상품은 다양한 맛 종류에 선물하기에도 좋아서 추천하지만, 무조건 꼭 먹어봐야 하는 건 매장에서 당일 생산하는 이모켄삐에요. 사이즈는 딱 2가지만 판매 중인데 고구마를 좋아한다면 큰 사이즈로 구매하는 걸 추천해요. 너무 맛있어서 순삭하게 되거든요. 기본 맛만 생산하는 게 아쉬울 뿐이에요. 오사카점에서는 특별히 아이스크림 메뉴도 판매하니 고구마 소프트아이스크림을 좋아하는 분은 이모켄삐와 세트로 같이 즐겨보세요!

다양한 맛의 이모켄삐 상품들

고구마 칩도 다양하게 판매 중

갓 튀겨져
나온 이모켄삐

살롱 드 로얄

③

Salon de royal

살롱 드 로얄
기타하마점 외관

기타하마점

Add	541-0043 Osaka, Chuo ward, Koraibashi, 2 chome-2-12
Open	10:00~18:00
Close	없음

한큐삼번가점

Add	530-0012 Osaka, Kita ward, Shibata, 1 chome-1-3 Hankyu sanbangai
Open	10:00~21:00
Close	없음

교토 본점

Add	604-0923 Kyoto, Nakagyo ward, Kamikorikicho,502
Open	11:00~18:40
Close	없음

견과류 초콜릿을 좋아한다면 꼭 방문해보세요! 1935년에 교토에서 처음 설립한 브랜드로 교토 본점과 백화점, 상점가에 매장을 갖고 있어요. 그리고 오사카에는 한큐삼번가점, 기타하마점이 있어요. 교토 본점은 디저트 카페로 운영되고 있으며 초콜릿 상품뿐만 아니라 다양한 디저트도 만날 수 있고 현지에서 유명한 인기 가게예요. 저는 오사카의 두 지점을 방문해봤는데 판매하는 상품은 조금 차이가 있었어요. 시그니처 상품만 구매하면 된다 하는 분은 한큐삼번가점에 가도 크게 상관없지만, 더 다양한 상품을 구매하고 싶은 분은 기타하마점을 방문해보세요! 그 외 더 많은 지점의 정보는 공식사이트를 참고해주세요.
제가 방문했을 땐 매장에서 맛보기 시식을 줘서 구매하는 데 도움이 되었어요. 인기 상품 No.1인 핑크색 포장의 캔디 피칸 맛은 너무 맛있어서 다양한 패키지로 구매했어요. 흑임자 피칸 맛은 기타하마점에서 판매했는데 흑임자 마니아로서 살 수밖에 없는 맛이에요. 포장 패키지도 귀엽고 구성도 다양한 종류로 있는 데다 무게도 가볍고, 가격대도 부담스럽지 않아서 지인들에게 여행 선물로 주기에 딱 좋아요!

다양한 초콜릿 종류와
인기 패키지 상품들

No.1 캔디 피칸과 흑임자 피칸 넛츠

낱개 포장, 박스 포장 등
선물하기에도 좋은 다양한 구성

기타하마점 한정 초콜릿 디저트 상품

오사카·고베·교토 디저트 맛집 도장깨기 리스트

카페 & 파티스리

- ❑ 노바 킷사토오카시
- ❑ 하녹
- ❑ 비건 카페 시스터
- ❑ 화이트버드 커피 스탠드
- ❑ 피크 로스트 커피
- ❑ 그루니에
- ❑ 브루클린 로스팅 컴퍼니
- ❑ 쿠라시노 센타쿠야 마와리테메쿠루
- ❑ 페탈
- ❑ 럼06
- ❑ 론드 슈크레
- ❑ 몽플류
- ❑ 오가와 커피
- ❑ 루즈 교토
- ❑ 카페 닷츠
- ❑ 오하요 비스킷
- ❑ 아치 커피 앤 와인
- ❑ 이티알에이이

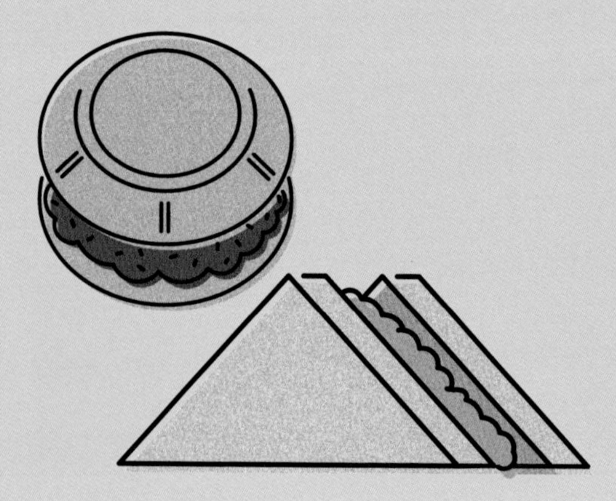

킷사텐

- ❏ 뉴 루브르
- ❏ 록쿠비라
- ❏ 아라비야 커피
- ❏ 카페 드 이즈미
- ❏ 백스트리트 커피
- ❏ 하마다야
- ❏ 니시무라 커피
- ❏ 도시아
- ❏ 킷사아가루
- ❏ 콜로라도 마스산
- ❏ 카페 아마존
- ❏ 커피숍 야마모토
- ❏ 토리바 커피 교토

베이커리

- ❏ 블랑제리 고트
- ❏ 베이커리 파네나 우츠보
- ❏ 오렌지 필즈 브레드 팩토리
- ❏ 이스즈 베이커리
- ❏ 베이커리 리키
- ❏ 베이커리 바캉스
- ❏ 토미즈
- ❏ 빠네 호 마레타
- ❏ 그루비 베이커스
- ❏ 플립 업
- ❏ 슬로
- ❏ 르 프티 메크
- ❏ 호프베커라이 에데거탁스
- ❏ 히츠지 도넛
- ❏ 코네루야
- ❏ 브륄레 교토

일본식 디저트

- ❏ 아마토 마에다
- ❏ 키야스소혼포
- ❏ 무켄
- ❏ 크레이프 엔도우
- ❏ 카눌레 드 재팬
- ❏ 루에카
- ❏ 오하기노탄바야
- ❏ 데마치 후타바
- ❏ 교양카시다루마
- ❏ 아부리모치 카자리야
- ❏ 카타빵야
- ❏ 이모쿠리 파라브리키토탄
- ❏ 하나사쿠 크레페

나만 알고 싶은
오사카, 교토, 고베의
로컬 맛집, 감성 스폿 추천

오사카 디저트 여행

초판 1쇄 인쇄 2025년 3월 23일
초판 1쇄 발행 2025년 4월 09일

지은이 김소정
펴낸이 이경희

펴낸곳 빅피시
출판등록 2021년 4월 6일 제2021-000115호
주소 서울시 마포구 월드컵북로 402, KGIT 1906호

ISBN 979-11-94033-70-7 13980